C语言程序设计教程

（第二版）

主　　编　周　宇
主　　审　何煦岚
主要作者　吴东洋　张雪峰　窦立君
　　　　　王一雄　胡永东　高琳明

东南大学出版社
·南　京·

内容简介

本书是根据教育部高等学校计算机科学与技术教学指导委员会提出的《关于进一步加强高等学校计算机基础教学的意见暨计算机基础课程教学基本要求》的有关要求编写的。

本课程是一门实践性很强的课程，本书力求使学生掌握计算机程序设计语言的基本知识、具备程序设计能力和程序调试能力，为后续课程学习创造条件。

本书体系合理，案例丰富，可作为高等学校各类专业的程序设计语言教材，也便于初学者自学。

图书在版编目(CIP)数据

C语言程序设计教程/周宇主编. —2版. —南京：东南大学出版社，2010.8(2014.6重印)

ISBN 978-7-5641-2368-0

Ⅰ.①C… Ⅱ.①周… Ⅲ.①C语言—程序设计—高等学校—教材 Ⅳ.①TP312

中国版本图书馆CIP数据核字(2010)第151194号

东南大学出版社出版发行

(南京四牌楼2号 邮编210096)

出版人：江建中

全国各地新华书店经销 南京玉河印刷厂印刷

开本：787 mm×1092 mm 1/16 印张：16.25 字数：380千字

2010年8月第2版 2014年6月第4次印刷

ISBN 978-7-5641-2368-0

印数：10001—13000册 定价：32.00元

前　　言

随着社会的发展，新的计算机技术不断涌现，计算机在社会中的应用更加深入广泛，社会对人才的培养提出了更高的要求，迫切需要加强高等学校计算机基础程序设计的教学工作。根据教育部高等学校计算机科学与技术教学指导委员会提出的《关于进一步加强高等学校计算机基础教学的意见暨计算机基础课程教学基本要求》的有关要求，我们组织了一批多年工作在教学一线且有丰富教学经验的教师编写了《C语言程序设计教程》一书。

张黎宁、章春芳、韦素云、张雪峰、朱璟、刘晓峰、蒋安纳、王一雄、王文贝、胡永东、沈丽容、吴东洋、薛联凤、何煦岚、窦立君、业宁、高琳明等老师参加了《C语言程序设计教程》(第二版)的编写工作，最后由周宇老师统稿，何煦岚老师对本书进行了审阅，并提出了很多宝贵意见。在本书的编写过程中参考了大量纸质和网络文献资料，我们力求在参考文献中列全，对相关文献的作者，也在此表示衷心的感谢。

由于时间仓促和编者水平有限，书中有欠妥和不足之处恳请读者批评指正。

编者

2010年4月

目　录

1 引　言

1.1　程序及编程语言

对于初涉编程领域的人来说，程序是一个高深莫测的词汇。那么，程序究竟是什么呢？通俗地讲，程序就是向计算机发出的一个个操作命令集合，来告诉计算机如何完成一个具体的任务。由于现在的计算机还不能理解人类的自然语言，所以目前还不能用自然语言来编写程序。专业地讲，程序（program）是为解决特定问题而用计算机语言编写的命令序列集合。执行程序时，由程序控制计算机来完成相应的操作而得到相应的结果。

要学习编程技术，首先要掌握一种计算机编程语言。程序设计语言（Programming Language）是用于编写计算机程序的语言。计算机编程语言按照级别可以分为机器语言（Machine Language）、汇编语言（Assembly Language）和高级语言（High Level Language）三类，而机器语言和汇编语言又被统称为低级语言（Low Level Language）。

机器语言是用二进制代码表示的计算机能直接识别和执行的一种机器指令集合，它是第一代计算机语言。机器语言的指令全部是由 0 和 1 组成的，可想而知，利用机器语言编写的程序对于我们来说简直就是“一串密码”，程序的可读性非常差。同时，机器语言对不同型号的计算机来说一般是不同的，所以利用机器语言编写的程序的可移植性差，重用性差，这也是早期的计算机未能迅速得到广泛应用的原因之一。

为了克服机器语言难读、难编、难记和易出错的缺点，人们就用与指令代码实际含义相近的英文缩写词、字母和数字等符号来取代机器指令代码，于是就产生了汇编语言。汇编语言是机器语言符号化的结果，比机器语言易于读写、调试和修改，同时具有机器语言执行效率高、可有效访问控制硬件等优点。由于汇编语言中使用了助记符号，用汇编语言编写的程序不能被计算机直接识别和执行，必须“翻译”成能被计算机识别和处理的二进制代码程序，这个过程称为汇编。用汇编语言编写的程序称为汇编语言源程序，运行时要使用汇编程序将其翻译成目标程序，即机器语言程序。

虽然机器语言和汇编语言效率高，但是均与特定的机器有关。语言对机器过分依赖，就要求使用者必须对硬件结构及其工作原理都十分熟悉，非计算机专业人员是难以做到的，对于计算机的推广应用也是不利的。计算机事业的蓬勃发展促使人们去寻求一些与人类自然语言相近且能被计算机接受的语义确定、规则明确、自然直观和通用易学的计算机语言，这种与自然语言相近并被计算机接受和执行的计算机语言称为高级语言。

高级语言是面向用户的、不依赖特定计算机体系结构的程序设计语言。与用汇编语言编写的程序一样，用高级语言编写的程序称为源程序，运行时要经过解释或编译处理将源程序翻译成目标程序即机器语言程序。无论何种机型的计算机，只要配备相应的高级语言的编译或解释程序，则用该高级语言编写的程序就可以通用。每一种高级程序设计语言，都有自己规定的专用符号、英文单词、语法规则、语句结构和书写格式，但都接近于自然语言。高级语言表示方法要比低级语言更接近于待解问题的表示方法，在一定程度上与具体机器无关，通用性强，兼容性好，便于移植，易学，易用，易维护。这种类型的高级语言非常多，有FORTRAN、COBOL、BASIC、LOGO、PASCAL、C、Ada等，这些语言各有特点。FORTRAN语言主要用于数值计算。COBOL语言主要应用于情报检索、商业数据处理等管理领域。BASIC语言简单易学，适合作为初学者的入门语言。LOGO语言是一种与自然语言非常接近的编程语言，具有生动的图形处理功能，能用直观的运动来体现编程的结果，尤其适合儿童学习和使用。PASCAL被称为第一个结构化程序设计语言，在高校计算机软件教学中一直处于主导地位。Ada语言一度被美国国防部强制指定为军用武器系统唯一的开发语言。C语言尽管最初是作为一种系统程序设计工具语言而设计的，但它已成功用于各个应用领域，是当前使用最广泛的通用程序设计语言之一。

目前，程序设计语言及编程环境正向面向对象及可视化编程环境方向发展，出现了许多第四代语言及其开发工具。例如，微软公司开发的Visual系列(VC++、VB、FoxPro)编程工具及Sybase公司开发的Power Builder等，已经在国内外得到了广泛的应用。

1.2　C语言简介

C语言是目前国内外广泛使用的程序设计语言，它既有高级语言的特点，又具有汇编语言的特点。对于操作系统和系统应用程序以及需要对硬件进行操作的场合，用C语言明显优于其他高级语言，所以它可以作为系统设计语言来编写系统应用程序。同时C语言又具备很强的数据处理能力，也可以作为应用程序设计语言来编写不依赖计算机硬件的应用程序。另外，C语言具有很强的绘图功能，适用于开发设计二维、三维图形和动画等。因此，C语言的应用范围极为广泛。

1.2.1　C语言的发展

C语言的原型是ALGOL(Algorithmic Language) 60语言，ALGOL 60语言又称为A语言。1963年剑桥大学将ALGOL 60语言发展成为CPL (Combined Programming Language)语言。1967年剑桥大学的Matin Richards对CPL语言进行了简化，产生了BCPL (Basic Combined Programming Language)语言。1970年美国贝尔实验室的Ken Thompson对BCPL进行了修改，为它起了一个有趣的名字“B语言”，意思是将CPL语言进行简化，提炼出它的精华，并且他用B语言写了第一个UNIX操作系统。在1972年至1973年间，美国贝尔实验室的D. M. Ritchie在B语言的基础上设计出了一种新的语言，他取了BCPL的第二个字母作为这种语言的名字，这就是C语言。1977年D. M. Ritchie发表了不依赖于具体机器系统的C语言编译文本《可移植的C语言编译程序》，大大简化了C语言移植到其他机器时所需做的工作，也迅速地推动了UNIX操作系统在各种机器上的实现。1978年，美国电话电报公司(AT&T)贝尔实验室正式发表了C语言，同时由B. W. Kernighan和D. M. Ritchie合著了著名的《The C Programming Language》一书，其中介绍的C语言成为后来被广泛使用的C语言版本的基础，被称为标准C。后来，美国国家标准协会(American National Standards Institute)在此基础上制定了一个C语言标准，于1983年发表，通常称之为 ANSI C。1987 年，美国国家标准化协会 ANSI 又公布了新标准——87 ANSI C，成为现行的 C 语言标准。

自 1978 年贝尔实验室正式发布 C 语言以来，C 语言以简洁紧凑的风格、面向过程的编程方式、丰富的数据结构和强大的底层控制能力获得迅速发展。到上世纪 80 年代，C 语言已经成为最受欢迎的编程语言。许多著名的系统软件，如 DBASE Ⅲ PLUS、DBASE Ⅳ 都是用 C 语言编写的。用 C 语言加上一些汇编语言子程序，就更能显示 C 语言的威力，像 PC－DOS 、WORDSTAR 等就是用这种方法编写的。到上世纪 90 年代，C 语言已经成为计算机专业学生的首选教学语言，并成为一代程序员的主要工作语言。90 年代中期，随着 PC 的普及和 C＋＋等面向对象语言的出现，人们渐渐把视线转移到 PC 应用软件上，程序员们也开始习惯用面向对象这种更高级的方式思考和解决问题。大家对 C 语言强大的底层控制能力失去兴趣，因为那些复杂的代码已经可以交给编译器去实现，底层的操作已经完全可以交给类库和操作系统 API(Application Programming Interface，应用程序接口)去进行，C 语言逐渐失去了主流编程语言的地位。进入 21 世纪后，随着个人电子消费产品和开源软件的流行，C 语言再次焕发生机。由于底层控制和性能方面的优势，C 语言成为芯片级开发(嵌入式)和 Linux 平台开发的首选语言。在通信、网络协议、破解、3D 引擎、操作系统、驱动、单片机、手机、PDA(Personal Digital Assistant，个人数字助理)、多媒体处理、实时控制等领域，C 语言正在用一行行代码证明它从应用级开发到系统级开发的强大和高效。

1.2.2 C 语言的特点

C 语言之所以被广泛使用，归功于其自身所拥有的特点。归纳起来，C 语言具有下列特点：

(1) 简洁紧凑、灵活方便。C 语言一共只有 32 个关键字、9 种控制语句，程序书写自由。

(2) 运算符丰富。C 语言的运算符包含的范围很广泛，共有 34 个运算符。C 语言把括号、赋值、强制类型转换等都作为运算符处理，从而使 C 语言的运算类型极其丰富、表达式类型多样化。灵活使用各种运算符可以实现在其他高级语言中难以实现的运算。

(3) 数据结构丰富。C 语言的数据类型有：整型、实型、字符型、数组类型、指针类型、结构体类型、共用体类型等，能用来实现各种复杂的数据类型运算。C 语言还引入了指针概念，使程序执行效率更高。另外，C 语言具有强大的图形功能，支持多种显示器和驱动器，且计算功能、逻辑判断功能强大。

(4) C 语言是结构化语言。结构化语言的显著特点是代码及数据的分隔化，即程序的各个部分除了必要的信息交流外彼此独立。这种结构化方式可使程序层次清晰，便于使用、维护以及调试。C 语言是以函数形式提供给用户的，这些函数可方便地调用。此外，C 语言还具有多种循环结构和选择结构等控制语句来控制程序的流程，从而使程序完全结构化。

(5) C 语言语法限制不太严格，程序设计自由度大。例如，对数组下标越界不作检查，对变量的类型约束不严格等。这就要求编程人员要自己检查程序，保证其正确，而不要过分依赖 C 语言的编译程序去查错。

(6) C 语言允许直接访问物理地址，可以直接对硬件进行操作。因此其既具有高级语言的功能，又具有低级语言的许多功能，能够像汇编语言一样对位、字节和地址进行操作，而这三者是计算机最基本的工作单元，可以用来编写系统软件。

(7) C语言程序生成的代码质量高，程序执行效率高，一般只比汇编程序生成的目标代码效率低10%～20%。

(8) C语言适用范围广，可移植性好。

以上这些特点对于初学者来说现在还不能完全理解，相信等到后续各章内容学完之后就会有深刻的认识。

1.3 C语言源程序的结构

怎么用C语言编写程序呢？别着急，让我们先来看一个简单的例子吧。譬如，我们要编写程序让计算机求任意两个整数之和。通过简单分析，可知程序中要包含如下主要命令序列：

(1) 首先确定两个整数的大小，通过计算机的外部设备输入两个整数，由计算机的存储设备接收；

(2) 计算机的运算器完成这两个整数相加的运算；

(3) 将相加的结果输出到计算机的外部设备。

那么，对应的C语言源程序又是什么样子呢？它的庐山真面目如例1.1所示。

[例1.1]

```
#include <stdio.h>
void main()
{
    int a,b,sum;
    scanf("%d %d",&a,&b);
    sum=a+b;
    printf("sum=%d\n",sum);
}
```

每一行代码表示什么含义呢？可以为程序的每一行代码加上注释，便于别人阅读，加上注释的源程序如下：

```
#include <stdio.h>                  /* 编译预处理命令 */
void main()                         /* 主函数 */
{                                   /* 主函数开始 */
    int a,b,sum;                    /* 定义了三个整型变量 */
    scanf("%d %d",&a,&b);           /* 输入变量a和b的值 */
    sum=a+b;                        /* 计算a与b之和,由sum来保存 */
    printf("sum=%d\n",sum);         /* 输出sum的值 */
}                                   /* 主函数结束 */
```

其中每一行代码之后的"/*"与"*/"之间即为该行代码含义的注释。在此只需对该程序有个大致的了解即可，第5行到第7行是该源程序的主要部分，实现了数据的输入、运算和结果的输出，这和我们一开始的分析是吻合的。至于每行代码为什么要这样写，在后续的学习中很快就会明白了。

C语言源程序结构特点如下：

(1) 一个C语言源程序可以由一个或多个源文件组成。

(2) 每个源文件可由一个或多个函数组成，函数是源程序的基本单位。

(3) 每个源程序有且只有一个 main 函数，即主函数。无论主函数位于何处，源程序都是从 main 开始，由 main 结束。

(4) 源程序中可以有预处理命令(include 命令仅为其中的一种)，预处理命令一般应放在源文件或源程序的最前面。

(5) 每一个说明和每一条语句都必须以分号结尾，但预处理命令、函数首部和花括号"}"之后不能加分号(注：定义结构体时花括号之后有分号)。每行最好放置一条语句。

(6) 每行代码中的标识符、关键字等不同的语法成分之间必须至少加一个空格以示间隔。

(7) 对程序中主要或重要的部分可以用"/ * …… * /"添加注释，增强程序的可读性。

1.4 程序设计准备

常用的C语言 IDE(Integrated Development Environment，集成开发环境)有 Microsoft Visual C++、Borland C++、Turbo C、CC、GCC 等。一般初学者多用 Turbo C 2.0 或 Visual C++6.0/7.0 开发环境来编辑、调试程序。当然，在调试程序之前首先要确定你的机器上已经安装了相应的集成开发环境。

1.4.1 在 Turbo C 2.0 集成开发环境中编辑、调试程序的过程

Turbo C 是美国 Borland 公司的产品。Borland 公司是一家专门从事软件开发、研制的公司。该公司在 1987 年首次推出 Turbo C 1.0 产品，其中使用了全然一新的集成开发环境，即一系列下拉式菜单，将文本编辑、程序编译、连接以及程序运行一体化，大大方便了程序的开发。1988 年 Borland 公司又推出 Turbo C 1.5 版本，增加了图形库和文本窗口函数库等。Turbo C 2.0(后文简写为 TC)是该公司 1989 年推出的，在原来集成开发环境的基础上增加了查错等功能。Turbo C 2.0 是一个集源程序编辑、编译、连接、运行与调试于一体，用菜单驱动的集成软件环境。

在 TC 中运行一个C语言程序的一般过程如下：

(1) 启动 TC，进入 TC 集成环境。

(2) 编辑(或修改)源程序，源程序文件后缀一般为 * . c。

(3) 编译。由编译程序将源程序编译成机器指令程序，即目标程序。目标程序的文件名与相应的源程序同名，但后缀为 * . obj。如果编译成功，可进行下一步操作；否则，返回(2) 修改源程序，重新编译，直至编译成功。

(4) 连接。将目标程序和库函数或其他目标程序连接成可执行的文件，文件名与相应的源程序同名，后缀为 * . exe。如果连接成功，则可进行下一步操作；否则，根据系统的错误提示，返回(2)进行相应修改，再重新连接，直至连接成功。

(5) 运行。通过观察程序运行结果，验证程序的正确性。如果出现逻辑错误，则必须返回(2) 修改源程序，再重新编译、连接和运行，直至程序正确。

(6) 退出 TC 集成环境，结束本次程序运行。

我们以例 1.2 中的程序为例介绍详细的上机步骤。

［例 1.2］

```
void main()
{
    printf("This is a test program. \n");
}
```

该程序的作用是输出一行信息“ This is a test program. ”

(1) 启动TC。启动TC的方法很多，比较简单的是找到TC. exe文件后直接双击，或选择开始菜单中的运行命令，在打开的“运行”对话框中输入“D:\tc\tc. exe”(要注意TC的安装路径，你所用的机器不一定在D盘的tc文件夹下)，单击“确定”即可。启动后的界面框架如图1.1所示：

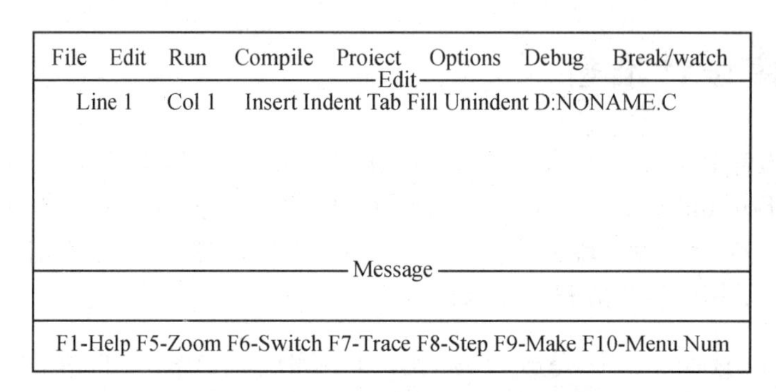

图 1.1　TC启动后的界面

启动TC后，其主菜单条横向排列在标题栏下方，并被激活，其中的File菜单为当前项。中间窗口为Edit编辑区，接下来是Message信息窗口，最底行为功能键参考行和NumLock键的状态，这四个部分构成了Turbo C 2.0的主屏幕，以后的编程、编译、调试以及运行都将在这个主屏幕中进行。编辑窗口的顶端为状态行，其中：

- Line 1 Col 1：显示光标所在的行号和列号，即光标位置。
- Insert：表示编辑状态处于“插入”状态，当处于“改写”状态时，此处为空白。
- Indent：自动缩进开关。在该状态下，每一次换行使光标自动与上一行的第一个字符对齐，用Ctrl＋QI组合键切换。
- Tab：制表开关，用Ctrl＋OT键切换。
- Fill：它与Indent和Tab的开关(ON/OFF)一起使用。当Tab模式为ON时，编辑系统将在每一行的开始填上适当的制表及空格符。
- Unindent：在该状态下，当光标处于某行的第一个非空字符或一空行时，退格键将使光标回退一级而不是一个字符，用Ctrl＋OU键切换。
- D：NONAME. C：显示当前正在编辑的文件名，显示为“NONAME. C”时，表示用户尚未给文件命名。

(2) 编辑源程序。启动之后光标停留在“File”菜单上，可用Esc或F10键来激活Edit编辑区。直接在编辑窗口中输入例1.2程序源代码，注意不要遗漏花括号、分号等符号。

在源程序中，很多符号都是成对匹配出现的，为避免遗漏必须配对使用的符号，例如注释符号、函数体的起止标识符（花括号）、圆括号等，在输入时，可连续输入这些起止标识符，然后再在其中进行插入来完成内容的编辑。在起止标识符嵌套以及相距较远时，这样做更有必要。虽然C语言程序的书写格式非常自由，但从程序结构清晰，便于阅读、理解、维护的角度出发，建议在书写程序时应遵循以下规则，以养成良好的编程习惯。

- 一个说明或一条语句占一行。
- 用“{}”括起来的部分，通常表示了程序的某一层次结构。“{”一般与该结构语句的第一个字母对齐，并单独占一行；“}”同样单独占一行，与该结构开始处的“{”对齐。
- 低一层次的语句或说明可比高一层次的语句或说明缩进若干格后书写（一般为2个或4个空格），以便看起来更加清晰，增强程序的可读性。

若要编辑一个已经存在的C语言源程序，先激活主菜单，选择并执行“File | Load”项或F3键，在“Load File Name”窗口，输入源程序文件名。有关命令菜单的使用方法如下：

- 按下功能键F10，激活菜单。
- 用左、右方向键移动光标，定位于需要的菜单项上，然后再按回车键，打开其子菜单。
- 用上、下方向键移动光标，定位于需要的子菜单项上，按回车即可。执行完选定的功能后，系统自动关闭菜单。
- 菜单激活后，若不使用，可再按F10或Esc键关闭，返回原来的状态。

(3) 保存源程序。源程序编辑结束后应该立即保存，保存时可使用“File|Save”菜单命令或直接按下F2功能键，在弹出的“Rename Noname”对话框中输入文件的保存位置及文件名，如“D：\ c _program \ chapter01 _01. c”，若不指定文件的保存位置则将文件保存在默认的当前位置。另外，在编辑较大的源程序过程中，随时都可以按F2键（或“File|Save”），将当前编辑的文件存盘，然后继续编辑。这是一个良好的编程习惯！

(4) 编译、连接源程序。选择并执行“Compile | Make EXE File”菜单项或F9键，则TC将自动完成对当前正在编辑的源程序文件的编译、连接，并生成可执行文件。

如果源程序有语法错误，系统将在屏幕中央的“Compiling 窗口”底端提示“Error：Press any key”。此时，按任意键，屏幕下端的“Message 窗口”被激活，显示出错或警告信息，光带停在第一条消息上。这时“Edit 窗口”中也有一条光带，它总是停在编译错误指定的源代码位置。当用上、下键移动消息窗口中的光带时，编辑窗口中的光带也随之移动，始终跟踪源代码中的错误位置。此时，按下F6键可以在编辑窗口中修改错误。

注意，如果出现错误提示：“Linker Error：Unable to open input file 'C0x. OBJ'”，应该在“Options | Directories”菜单项中正确设置TC的安装路径，再利用“Options | Save Options”菜单项保存即可。

(5) 运行源程序。选择并执行“Run | Run”菜单项或组合键Ctrl＋F9，程序运行结束后，仍返回到编辑窗口。当你认为自己的源程序不会有编译、连接错误时，也可直接运行（即跳过对源程序的编译、连接步骤），这时TC将一次完成从编译、连接到运行的全过程。

选择并执行“Run | User Screen”菜单项或组合键Alt＋F5来查看程序运行结果。查看完毕后，按任意键返回编辑窗口。如果发现逻辑错误，则可在返回编辑窗口后进行修改，然

后再重新编译、连接、运行，直至正确为止。

至此，一个程序已经调试完毕了，为了进一步熟悉这个过程并学会查看程序的语法错误，不妨将例 1.2 中的源代码去掉“;”、“{}”等，将程序故意写错，看看有什么错误提示信息吧！

(6) 编辑下一个新的源程序。选择并执行“File | New”项即可。如果屏幕提示确认信息“*.C not saved. Save? (Y/N)”，若需要保存当前正在编辑的源程序，则键入“Y”，直接输入源程序文件的路径和文件名即可；否则，键入“N”。系统会给出一个空白的编辑窗口，可以开始编辑下一个新的源程序。

(7) 退出 TC。选择并执行“File | Quit”菜单项或组合键 Alt+X。

如果程序没有编译出语法错误，但无运行结果，或运行结果有误时，为了找出出错的原因，还可以用以下方法对程序进行调试：

- 使用功能键 F7 或 F8 进行单步调试。
- 选择并执行“Break | Watch”菜单中的“Add Watch”命令项来观察某些数据在程序执行过程中的动态变化。
- 选择并执行“Break | Watch”菜单中的“Toggle breakpoint”命令项或组合键 Ctrl+F8 对光标所在的行设置断点，让程序执行到此断点后“停住”，观察程序当前的运行状态。

1.4.2 在 Visual C++6.0 集成开发环境中编辑、调试程序的过程

Visual C++(缩写为 VC)系列产品是微软公司推出的一款优秀的 C++集成开发环境，由于其良好的界面和可操作性而被广泛应用。

在 VC 下运行一个 C 语言程序的一般过程如下：

(1) 启动 VC。从“开始”菜单进入“所有程序”子菜单，找到“Microsoft Visual C++ 6.0”并单击它即进入 VC 的主窗口，如图 1.2 所示。

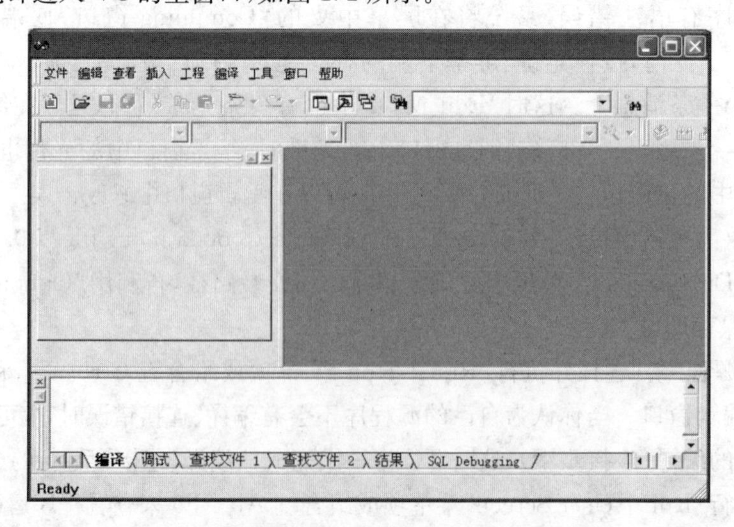

图 1.2 VC 主窗口

(2) 新建程序。执行“文件|新建”命令,单击“文件”选项卡(如图 1.3 所示),在“文件”文本框中输入源程序文件名(如“chapter01 _01. c”),在“目录”下拉列表中选择源程序保存的位置(如“D:\C _PROGRAM”),选择“C++Source Files”选项,单击“确定”,即在 d:\c _program下新建了文件,并显示编辑窗口和信息窗口。

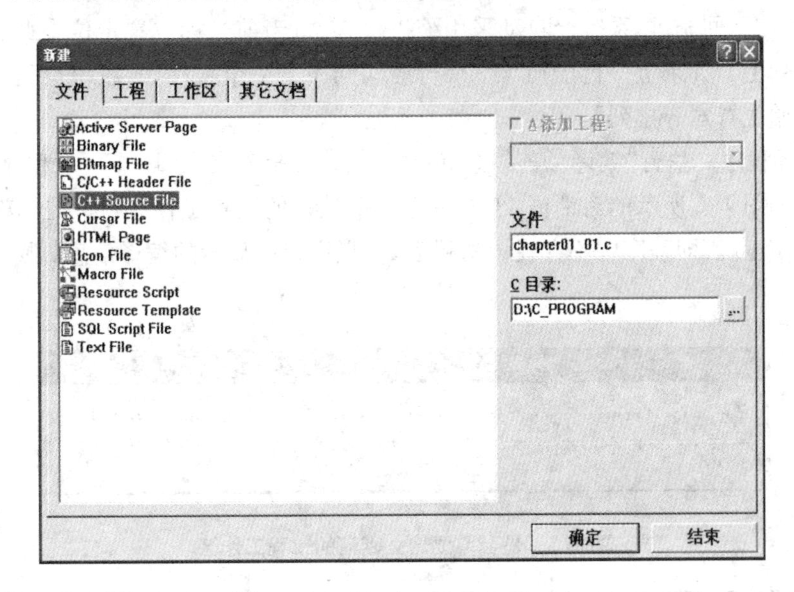

图 1.3 “文件”选项卡

(3) 编辑和保存源程序。在编辑窗口中输入源程序(如图 1.4 所示),再执行“文件|保存”命令。

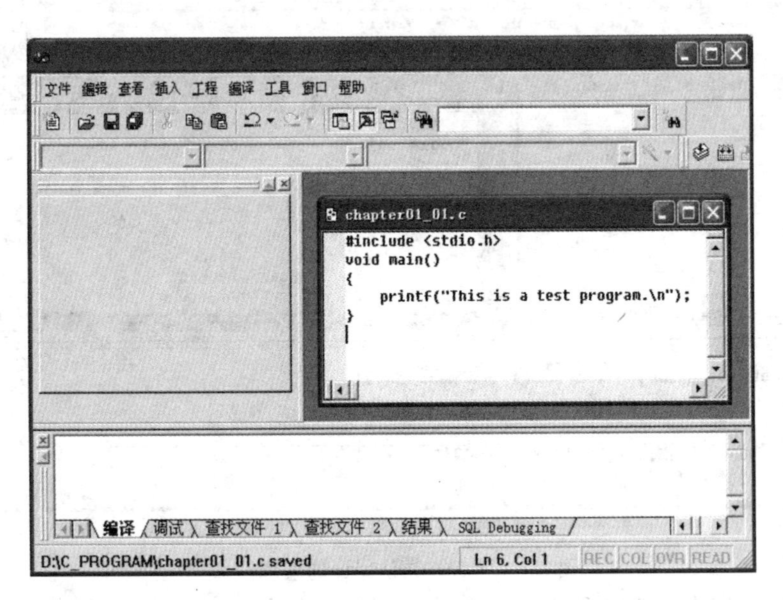

图 1.4 编辑窗口

在编辑窗口中输入的任何内容(如关键字、用户标识符及各种运算符等),VC 系统都会按 C 语言源程序的格式进行编排、组织。例如,当你在文件中输入了一个 C 语言关键字时,

VC系统会自动将其设定为蓝色字体以示区别；在编辑过程中，如果你输入了一个块结构语句，按回车键后系统会把光标定位在该块语句起始位置的下一行的第5个字符位置上来表示下面输入的内容是属于该块语句的，以体现C语言源程序的缩进式书写格式。此时，如果输入一个左花括号"{"并回车，系统将把该花括号左移到与上一行块语句起始位置对齐的位置上，接着按下回车键，系统会自动采用缩进格式，将当前光标位置定位在此花括号的下一行的第5列上。如果上一行语句与下一行语句同属于一个程序段，系统会自动将这两个程序行的起始位置对齐排列。

(4) 编译程序。执行"编译|编译 chapter01 _01. c"命令或Ctrl+F7，对程序进行编译，屏幕上出现如图1.5所示的对话框，需要建立一个默认的工程工作区，选"是"按钮，开始编译。如果程序正确，即程序中不存在语法错误，信息窗口中显示的编译信息如图1.6加框部分所示。

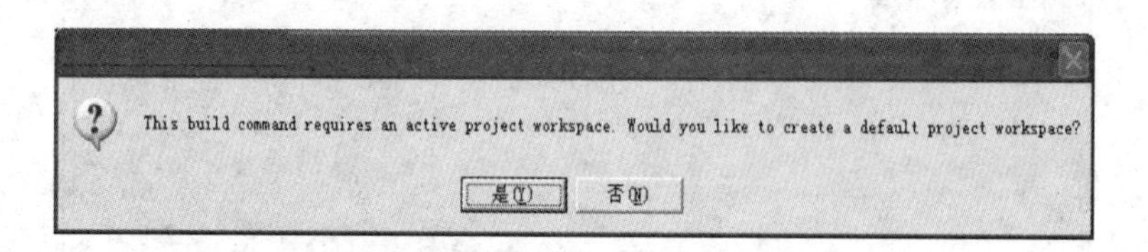

图1.5　是否需要建立默认的工程工作区

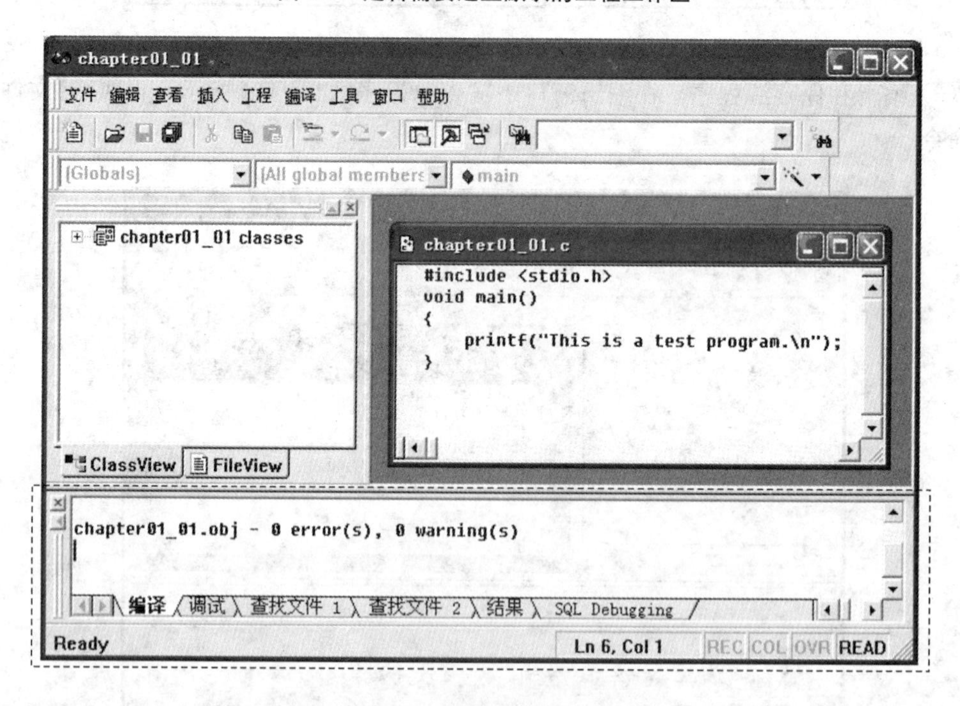

图1.6　不存在语法错误的编译信息

如果程序中存在语法错误，信息窗口中显示编译信息如图1.7加框部分所示。按照错误提示修改程序，再进行编译，直到不存在语法错误为止。

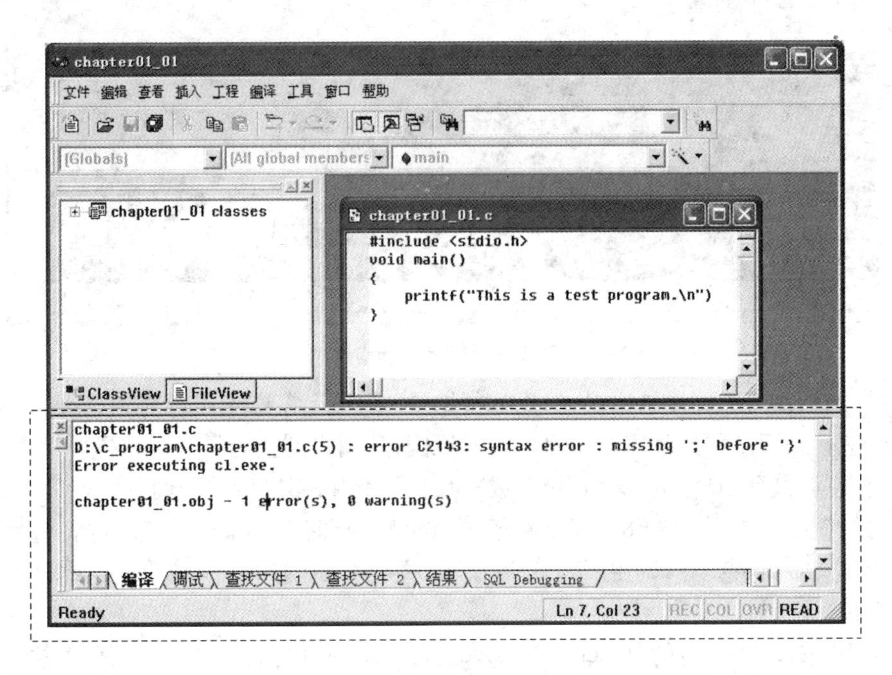

图 1.7 存在语法错误的编译信息

(5) 连接程序。执行"编译|构件 chapter01 _01. exe"命令或 F7 开始连接,并在信息窗口中显示连接信息,连接成功后生成可执行文件 chapter01 _01. exe,如图 1.8 所示。

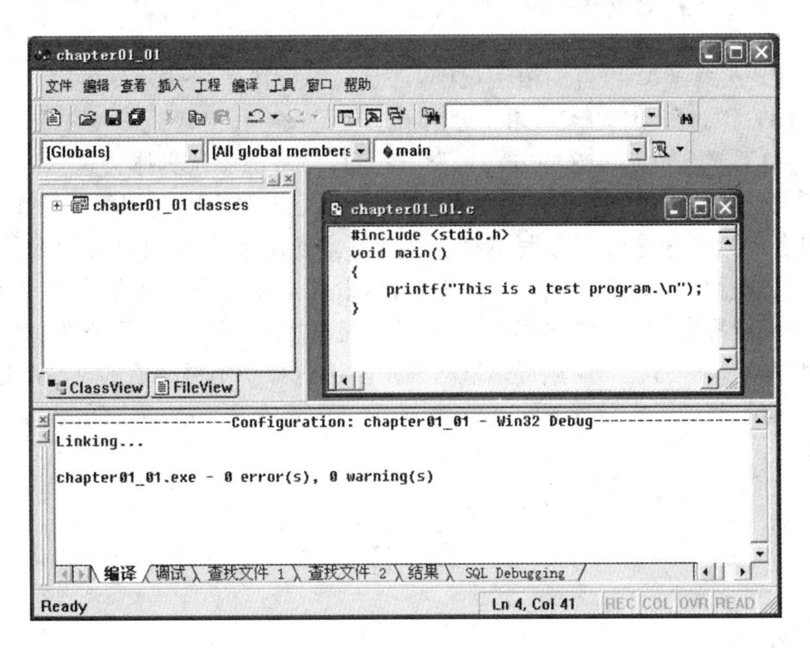

图 1.8 连接程序

(6) 运行程序。执行"编译|执行 chapter01 _01. exe"命令或 Ctrl+F5,程序开始运行并显示程序的输出结果,如图 1.9 所示。输出结果的屏幕将等待用户按下任意键后才返回编辑状态,一个 C 语言程序的执行过程结束。

图 1.9　程序运行错误

同样，如果程序无编译出错误，但无运行结果，或运行结果有误时，你就需要调用 VC 的编译调试工具来调试你的程序以找出出错的原因，从而得到正确的运行结果。常用方法有：

- 使用“调试”工具栏的“Step Into”或“Step Over”按钮进行单步调试运行程序，对应的功能键分别是 F7 或 F8。区别在于：“Step Over”不进入函数内部，它将每一条语句看作一步，包括函数调用语句；“Step Into”可进入函数内部，继续函数内部的语句行跟踪。
- 使用“编译”工具栏的“Insert/Remove Breakpoint”按钮设置断点，让程序执行到此断点时“停住”，以便观察程序当前的运行状态。

1.5 如何学习本课程

学习本课程一要掌握 C 语言的语法规则，二是在掌握语言语法规则的基础上编写程序。当然，最终的目的是要编程解决实际应用问题，但是没有任何基础怎么编写程序呢？

读程序是入门最快，也是最好的方法。学习完每一章，都要认真体会这一章的所有概念。然后不放过这一章中提到的所有程序例程，仔细阅读分析程序，直到每一行都理解。读懂程序之后再自己原样写一遍，如果写不出来就重新去读程序，分析自己为什么写不出来，再去理解程序，再写程序。最后再找几个编程题目，最好是和例程类似的，自己动手编程解决问题。即“先阅读程序，再模仿，再实战”。但是不能只是纸上谈兵，光看不练，上机调试运行程序，明确程序的每一行代码的运行结果同样是学习过程中不可忽略的。写程序和写作文非常类似，只有在阅读了大量程序的基础上，才会产生量变到质变的飞跃，也就自然而然地能编写程序。

习 题 一

1. 什么是程序？
2. 上机运行如下程序，观察运行结果。

```
void main()
{
  int a=5,b=9,t;
```

```
    t=a;
    a=b;
    b=t;
    printf("a=%d,b=%d\n",a,b);
}
```

3. 上机运行如下程序,观察运行结果。

```
void main()
{
    int a=5,b=9;
    a=a+b;
    b=a-b;
    a=a-b;
    printf("a=%d,b=%d\n",a,b);
}
```

4. 上机运行如下程序,观察运行结果(注意:在程序运行时要输入一个整数)。

```
void main()
{
    int x,y;
    printf("Please input x: ");
    scanf("%d",&x);
    if(x>0) y=1;
    else if(x==0) y=0;
         else y=-1;
    printf("x=%d,y=%d\n",x,y);
}
```

5. 上机运行如下程序,观察运行结果(建议采用单步运行调试)。

```
void main()
{
    int a,b;
    a=1;
    while(a<=9)
      {
      b=1;
            while(b<=a)
            {
              printf("%d * %d=%-3d",b,a,a * b);
              b=b+1;
            }
      printf("\n");
```

```
        a=a+1;
      }
    }
```

6. 上机运行如下程序，观察运行结果。

```
void main()
{
  int a,b;
  for(a=1;a<=9;a++)
  {
    for(b=1;b<=a;b++) printf("%d * %d=%-3d",b,a,a * b);
    printf("\n");
  }
}
```

7. 请为自己对本课程的学习拟一份计划。

2 简单的 C 语言程序设计

本章从简单的程序开始，逐步介绍与程序设计紧密相关的算法、C 语言程序的基本组成结构、常见的输入/输出函数和 C 语言程序设计的过程等，使读者逐步领会和掌握 C 语言程序设计的基本方法。对于本章节例题中涉及到的 C 语言的语法细节，读者不必深入研究，学到相关章节自然会理解。

2.1 程序设计与算法

计算机所做的工作就是按指定的步骤执行一系列的操作来完成某一特定的任务。因此要让计算机为我们做事，就必须事先设计一些操作步骤，并用计算机语言写成程序。在学习用 C 语言进行程序设计之前，我们首先要了解程序、算法和结构化程序设计方面的知识，它们是学习后续章节的基础。

2.1.1 程序

程序是用某种计算机编程语言编写的、能够完成一定功能的代码，而设计、编制、调试程序的过程则称为程序设计。程序以文件的形式存储在计算机中，在运行后完成某一确定的任务，从这一角度来看，程序静态表现为保存在存储器中的文档，动态表现为可以被调到内存由 CPU 执行的一连串指令。通过在计算机上运行程序，便可让计算机按照用户的意图进行信息处理，从而完成相应的任务，解决特定的问题。计算机可以通过执行不同的程序来完成不同的任务，即使执行同一个程序，当输入不同数据时输出的结果也有可能不同。

采用 C 语言等高级语言编写的程序都具有一些典型的特点，如程序需要编译转化成机器代码后才能由计算机执行；程序必须严格按照计算机语言设定的拼写、语法和标点规则来编写；程序作为一个整体是有意义的，它能够解决特定问题。

通常，一个程序应包含对数据的描述和对操作的描述。对数据的描述是指在程序中要指定数据的类型和数据的组织形式，即数据结构。对操作的描述是指问题求解的步骤，即算法。著名计算机科学家沃思提出一个公式：数据结构＋算法＝程序。这个公式的重要性在于它说明了数据结构与算法是程序的两大要素，两者相辅相成，缺一不可。

2.1.2 算法的概念和特点

刚接触程序设计的读者会有这样一种感觉：通常读别人编的程序比较容易，但自己编写程序时就难了，虽然学了程序设计语言，可还是不知道从何下手，这是为什么呢？其中重要原因之一就是没有掌握基本的算法。事实上，生活中几乎每一件事都是遵循着一定的算法来完成的，也就是说要按照事先想好的步骤有条不紊地进行。就拿生活中最常见的例子来说，你虽然认识地铁站，但是不知道按照怎样的路线才能到达目的地，当别人告诉你一条线路，如先坐1号线在某一站下车，再转2号线，这就相当于提出了一个解决问题的算法，于是你就可以沿着这条路线到达目的地。当你下次再去相同的地方时，就不会再有疑问了。所以，当我们面对一个需要解决的问题时，不要急于编写程序，应该先思考解决该问题的方法和步骤。在学习程序设计语言的过程中，我们应该注重一些常用算法的积累。

当然，我们所说的算法仅指计算机算法，具体地说，它就是一个有穷规则的集合，即为解决一个具体问题而采取的确定的有限的操作步骤。通常情况下，解决某个问题的算法不是唯一的，正如前面所说，到达目的地的公交线路或者地铁线路有很多，在这些线路中，有些价格优惠，有些节省时间。由此可见，对于相同的问题，不同的用户可能会设计出不同的算法，那么算法性能也会有所差别。

设计完一个算法后，怎样衡量它的正确性呢？一般可用以下五种特性来进行衡量。

(1) 有穷性：一个算法必须保证执行有限步之后结束。一个无穷的算法并不能得到我们所需要的结果，那么这个算法将毫无意义。

(2) 确定性：算法的每一步骤都应是确定、没有歧义的，从而保证算法能安全正确地被执行。

(3) 可行性：算法中的每一个步骤原则上都应是可以正确执行的，而且能得到确定的结果。

(4) 输入：一个算法可以有0个或多个输入。输入为算法指定了初始条件，当然这个条件并不是必须的。

(5) 输出：一个算法可以有1个或多个输出。算法的实现是以得到计算结果为目的，没有输出的算法是毫无意义的。

了解过算法的概念后，我们考虑的就是如何描述算法了。描述算法常用的工具有自然语言、传统流程图、N－S流程图和伪代码等，我们在下一小节“结构化程序设计”中将重点介绍传统流程图和N－S流程图。

2.1.3　结构化程序设计

随着计算机的发展，人们编写的程序越来越复杂。对于一个包含数千万条代码、结构复杂的程序，其程序的可读性往往较低，而程序的质量和可靠性也很难得到保证。为了解决这一问题，意大利的Bobra和Jacopini于1966年提出了结构化程序设计的思想，它是软件发展的一个重要里程碑。结构化程序设计的实质是控制编程的复杂性，其基本思想是像搭积木一样，只要有几种简单的结构即可构成任意复杂的程序。Bobra和Jacopini所提到的简单结构即顺序、选择和循环三种结构，由这三种控制结构组成的程序就是结构化程序。

1. 三种基本结构

(1) 顺序结构：程序流程沿着一个方向进行，它是最简单的一种结构。如图2.1(a)所示，先执行模块A然后再执行模块B，模块A和模块B分别代表若干条语句。

(2) 选择结构：程序的流程发生分支，根据一定的条件选择执行其中某一模块，也可称为分支结构。如图2.1(b)所示，条件成立时执行模块A，否则执行模块B。

(3) 循环结构：程序流程是不断重复执行某一模块后退出循环，也可称为重复结构。循环结构可以分为当型(while)循环和直到型(until)循环两种类型。当型循环结构如图2.1(c)所示，它的流程是先判断条件是否成立，若成立，则执行循环体模块A，否则退出循环。

直到型循环结构如图2.1(d)所示，它是先执行循环体模块A，然后判断条件是否成立，当条件不成立时继续执行循环体，否则退出循环。

2. 结构化流程图(N—S图)

从图2.1可以看出结构化程序的三种基本结构可以用框图和流程线表示，但当程序较复杂时，流程线自然会增多，从而导致程序的结构不清晰，不便于阅读。美国学者I. Nassi和B. Shneiderman于1973年提出了一种新的绘制流程图的方法N—S图，它是以这两位学者名字的首字母命名的。N—S图的重要特点就是完全取消了流程线，这样算法被迫只能从上到下顺序执行，从而避免了算法流程的任意转向，保证了程序的质量。图2.2采用N—S图来描述顺序、选择和循环三种基本结构，图2.2的(a)～(d)与图2.1的(a)～(d)的传统流程图相对应。

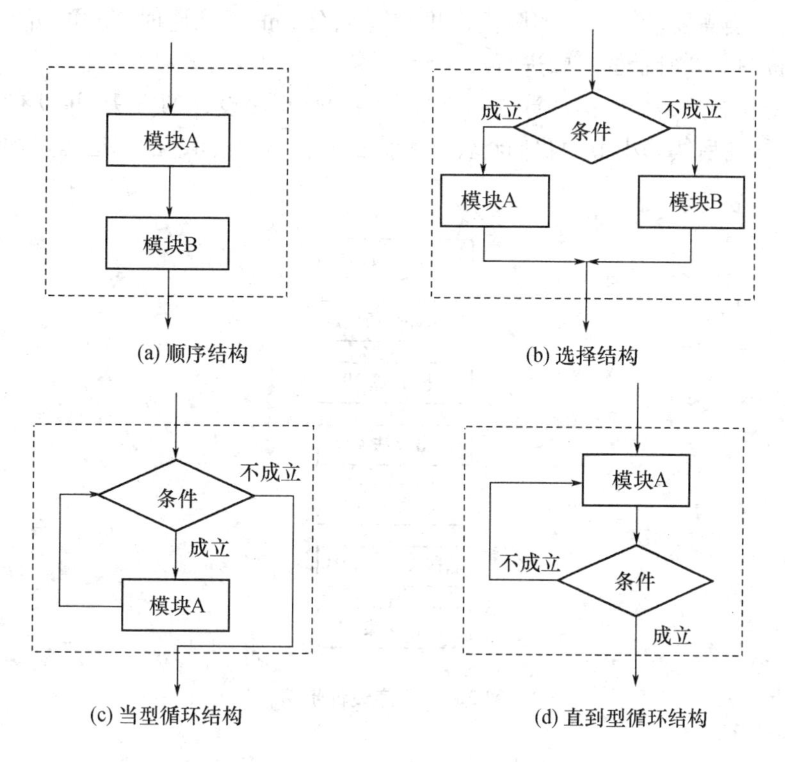

图2.1　三种控制结构的传统流程图

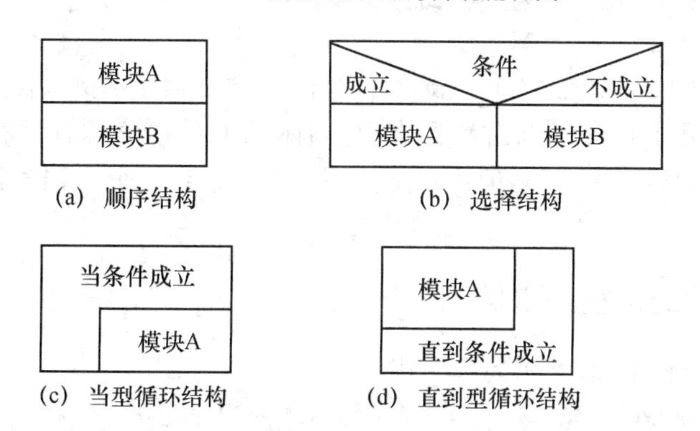

图2.2　三种控制结构的N—S流程图

与图 2.1 中传统的流程图相比，图 2.2 中的 N－S 流程图既形象直观，画出来后又节省篇幅，大大方便了结构化程序的设计，并能有效地提高算法设计的质量和效率。对初学者来说，使用 N－S 图还能培养良好的程序设计风格。

3. 结构化程序设计方法

结构化程序设计强调程序结构的规范化，提倡清晰的结构。当面临一个复杂的问题时，人们往往不可能一开始就能了解问题的全部细节，更不用说立刻写出一个结构清晰、算法正确的程序。那怎样才能得到一个结构化的程序呢？一般采取以下四种方法：自顶向下、逐步细化、模块化、结构化编码。从这四个方法可以看出，结构化程序设计的基本思想是将一个完整的、较复杂的问题分解成若干相对独立的、较简单的子问题。若这些子问题还较复杂，可再分解它们，然后针对分解后的子问题逐一进行分析、求解和编码。

具体地说，当需要求解一个实际问题即使是划分后的子问题时，怎样才能编写出程序呢？一般可按图 2.3 所示的步骤进行。

本小节中我们只是介绍描述算法的工具和结构化程序设计的方法，并没有涉及到要求解的具体问题，在后续的小节中我们将针对特定的实例，给出问题的算法描述和编写程序的具体过程。

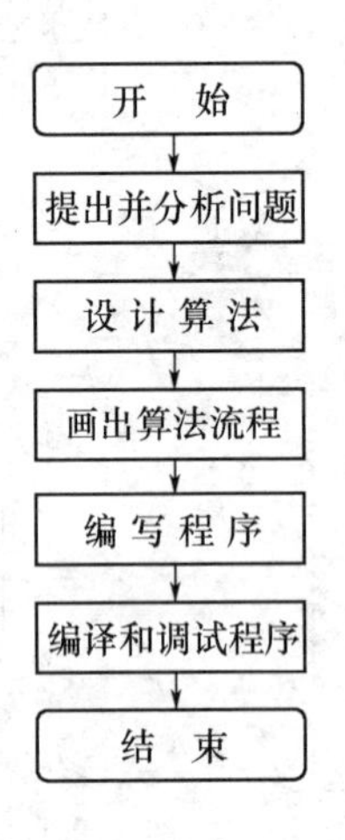

图 2.3　程序设计步骤

2.2　C语言程序的基本组成结构

在学习 C 语言的具体语法之前，先通过简单的 C 语言程序示例来初步了解 C 语言程序的基本结构。下面几个程序示例由易到难，它们体现了 C 语言源程序在组成结构上的特点。虽然有关语法内容还未介绍，但可从这些例子中了解到一个 C 语言源程序的基本组成部分和书写格式。

2.2.1　简单C语言程序举例

[例 2.1]　在屏幕上显示“Very Good”。

```
#include <stdio.h>                /* 编译预处理命令 */
```

```
void main()                    /* 主函数 */
{
    printf("Very Good\n");     /* main 函数调用库函数 printf 输出字符 */
}
```

运行结果：

Very Good

程序分析：

(1) 程序中的 main()被称为主函数，任何一个 C 语言程序有且只有一个 main 函数。main()后面由一对花括号"{}"括起来的部分称为函数体，程序从 main 函数的第一条可执行语句开始执行。

(2) 本例中函数体内只有一条语句 printf("Very Good\n");该语句由函数调用和分号两部分组成。printf 函数的作用一般是将双引号中的内容原样输出，"\n"是换行符，即在输出"Very Good"后换行，分号表示该语句的结束。

(3) "/ * "与" * /"之间的内容构成了 C 语言程序的注释部分，它可以是任何可以显示的字符，可以是一行也可以是多行，不影响程序的编译和运行。在程序中插入适当的注释，可以使程序更容易被理解。

(4) 程序中的＃include <stdio. h>是文件包含命令，其意义是把尖括号"<>"内指定的文件包含到本程序中。一般情况下，如果使用了系统提供的库函数，那么应在程序的开始用＃include 命令将被调用的库函数信息包含到本文件中。本例中 main 函数中调用的 printf 函数是 C 语言提供的标准输出函数，需要系统文件 stdio. h 解释执行。需要说明的是，Turbo C 规定对 scanf 和 printf 两个函数可以省去头文件包含命令，所以本程序中第一行的＃include <stdio. h>可以省略。

经过以上的分析，我们可以清晰地理解例 2.1 程序的功能就是利用 printf 函数在屏幕上显示一行字符信息。接下来我们思考一下怎样让字符信息分行显示，也就是说让例 2.1 中的"Very"和"Good"两个单词分两行进行输出，要达到这个功能很简单，因为我们在上面提到过"\n"的功能是实现换行，所以只要在例 2.1 的基础上稍作修改就可以实现，具体程序代码见例 2.2。

[例 2.2]　在屏幕上分行显示"Very Good"。

```
void main()
{
printf("Very\nGood\n");        /* "\n"可以实现换行功能 */
}
```

运行结果：

Very

Good

以上两个程序非常简单，main 函数的函数体内只有一条语句，下面我们将介绍稍微复杂的程序例 2.3，该程序仍由一个 main 函数组成，但函数体中包含了变量说明、算术运算和格式输出。

［例 2.3］ 计算三个整数之和。

```
void main()
{
    int a,b,c,sum;                  /*定义整型变量 a, b, c, sum */
    a=12;
    b=34;
    c=56;                           /*分别给 a, b, c 赋值*/
    sum=a+b+c;                      /*将 a, b, c 之和放入 sum 变量*/
    printf("a+b+c=%d\n",sum);       /*在屏幕上输出计算结果*/
}
```

运行结果：

a+b+c=102

程序分析：

(1) 本程序的主函数体分为两部分，一部分为说明部分，另一部分为执行部分。

- 说明部分是指变量的类型说明，它是C语言源程序结构中很重要的组成部分。C语言规定，程序中所有用到的变量都必须先说明，后使用，否则将会出错。例 2.1 和例 2.2 中未使用任何变量，因此无说明部分。说明语句由一个类型名和若干需要说明的变量名组成，本例中 int a,b,c,sum;中的 int 为整型类型名，a、b、c、sum 为定义的 4 个变量名，通过该语句可以知道 a、b、c、sum 4 个变量都可以用来存放整型数据。除了 int 数据类型外，C语言还提供了其他数据类型，如 float(单精度浮点型)、char(字符型)等，这些将在本书的后续章节中进行介绍。
- 执行部分(也称执行语句部分)一般在说明部分之后，用以完成程序的功能，本例中的第 4 到第 8 行为执行部分。程序的第 4 至第 6 行分别给变量 a、b、c 赋值，当 a、b、c 有了具体的数值之后便可以按照第 7 行的表达式进行相加，然后把结果存放在 sum 变量中。第 8 行是用 printf 函数输出变量 sum 的值，即 a、b、c 的和。

(2) 本程序中的第 4 至第 7 行都是赋值语句，其中“=”是赋值号。如第 7 行的 sum=a+b+c; 语句中，赋值号的左边是变量 sum，右边是表达式 a+b+c，该语句的作用就是将右边表达式的值赋给左边的变量 sum，也就是执行了赋值语句后，sum 变量的存储单元中存放的数值为 102，其数据类型也是整型。

(3) 本程序中仍然用到了 printf 函数，但其格式和前两个例子又不完全相同。本例中 printf 函数的参数由两个部分组成：格式控制串和变量参数表。格式控制串是一个字符串，必须用双引号括起来，它表示了输出量的数据类型。在 printf 函数中还可以在格式控制串内出现非格式控制字符，这时在显示屏幕上将原字符进行输出。变量参数表中给出了要输出的数据。当有多个数据时，用逗号间隔。本例的 printf("a+b+c=%d\n",sum)中，非格式字符“a+b+c=”按照原样在屏幕上输出，%d 为格式字符，表示对应的 sum 变量按照整型格式进行输出。如果把本例中 printf("a+b+c=%d\n",sum)改为 printf("%d+%d+%d=%d\n",a,b,c,sum)，程序的输出结果会发生怎样的变化呢？请读者自己上机调试体验 printf 函数的功能。有关 printf 函数中各种类型的格式表示法，我们将在第 4 章中进行详细介绍。

经过以上的程序分析，我们可以知道例2.3的功能是计算三个整数之和并进行格式化的输出，但是这三个数a、b、c的值都是在程序中直接赋值的，如果要进行其他整型数据的相加，那就必须重新修改程序，这显然不是我们所期望的，那我们能否考虑由用户从键盘输入来分别为a、b、c进行赋值呢？答案是肯定的，我们只要对例2.3的程序进行稍加修改，但必须用到C语言中的另一个库函数scanf函数。scanf函数为格式输入函数，用户可以按照指定的格式从键盘进行输入，从而完成相应变量的赋值。

[例2.4] 从键盘输入三个整数，并计算其和。

```
void main()
{
    int a,b,c,sum;
    printf("please input there integer number: ");
    /*调用printf函数，在屏幕上显示提示字符串*/
    scanf("%d, %d,%d ", &a,&b,&c);
    /*调用scanf函数，由键盘输入a, b, c的值*/
    sum=a+b+c;
    printf("%d+%d+%d=%d\n",a,b,c,sum);
    /*按指定格式输出a, b, c的和*/
}
```

运行结果：

```
please input there integer number:267,123,498 ↙
267+123+498=888
```

程序分析：

(1) 本例中程序的执行过程是：首先在屏幕上显示提示字符串，请用户输入三个整数，当用户从键盘上键入三个数，如267,123,498，按下回车键，就会在屏幕上显示计算结果。本程序中第4行语句的功能是在键盘输入之前显示一些提示性的信息，增强程序的可读性。本例中，当用户从键盘输入不同的三个整数时，最后屏幕上显示的计算结果便不相同，和例2.3相比，程序的功能得到了进一步的增强。

(2) 键盘输入函数scanf的作用是从键盘输入三个整型数据分别赋给变量a、b、c。其中，%d的含义与前面介绍的printf函数中的相同，表示输入的数据类型为十进制整型，“&a,&b,&c”中的“&”表示取地址，用户从键盘输入的三个整数分别存放到a、b、c在内存的单元中，注意不要漏写“&”。

和前三个例子相比，本例中增加了提示性信息和数据的输入，从而让C语言程序的结构更加完整和合理。

2.2.2 C语言程序的组成结构

通过以上几个例子的分析，我们可以看出C语言程序的基本组成结构。

(1) C语言程序的最前面一般为预处理命令(include命令仅为预处理命令的一种)，如#include <stdio.h>、#include <math.h>等。

(2) 从总体结构上看，C语言程序由一个或多个函数构成。一个C语言源程序除了必须包含一个主函数main外，还可以包含若干个自定义函数。例2.1至例2.4的源程序都是由一个主函数构成的，当然主函数内部调用了printf或scanf库函数。下面我们再来看例2.5，该程序包含两个函数，一个是主函数，另一个是用户自定义的函数。

[例2.5] 比较两个整数的大小，并输出其中较大的值。

```
#include <stdio.h>
int max (int a, int b)
/*定义max函数，函数值为整型，a,b为形式参数*/
{
    int c;
    if(a>b) c=a;          /*比较a和b的大小，如果a大，则将a赋给变量c*/
    else c=b;             /*否则将b赋给变量c*/
    return(c);            /*返回c的值，通过max函数带回调用处*/
}
void main()                   /*主函数*/
{
    int a,b,result;
    printf("please input two integer number: ");
    /*在屏幕上显示提示字符串*/
    scanf("%d, %d", &x,&y);  /*调用scanf函数，从键盘输入x,y的值*/
    result=max(x,y);  /*调用max函数，并将返回的值赋给变量result */
    printf("the maximum is %d\n",result);/*按指定格式输出result的值*/
}
```

本程序的执行过程是：首先在屏幕上显示提示字符串，当用户从键盘上键入两个数，如234，−58，按下回车键后，就可以在屏幕上看到如下运行结果：

```
please input two integer number:234,−58↙
the maximum is 234
```

程序分析：

- 本程序由main主函数和max自定义函数组成，无论main函数在自定义函数之前或之后，程序总是从主函数的第一条语句开始执行，当执行到函数调用语句result=max(x,y);时，主函数将调用max函数，并同时把变量x和y的值分别传递给变量a和b，当a和b比较结束后，c变量中存放的是a和b中的较大值，最后通过return语句将较大值返回给主函数的result变量，并进行输出。有关函数的调用，我们将在本书的第8章中进行详细介绍。
- max函数的执行部分包含了一个if语句，用于比较a和b的大小。if语句体现了C语言中的选择结构，它是结构化程序设计的基本结构之一，我们在2.1节中做过介绍。if语句的具体语法将在本书的第5章中进行详细描述。

从以上例题中我们可以看出，C语言是函数式的语言，程序的全部工作都是由函数来完成的。C语言的函数库十分丰富，Turbo C提供了300多个库函数，而Visual C++则提供了更多的库函数。

(3) 从单个函数角度来看，无论是主函数还是用户自定义函数，它们都包含函数首部和函数体两个部分，而函数体通常包含说明部分和执行部分。函数首部包含函数返回值的类型、函数名和参数列表，例如 int max(int a, int b)。

(4) 函数体的说明部分一般是对程序中用到的变量进行说明。

(5) 函数体的执行部分一般是完成程序功能的语句。通常包含赋值语句，由 scanf 和 printf 函数完成的输入输出语句、if 语句等。

(6) 从程序的可读性角度考虑，程序中必须包含必要的注释，同时注意程序的书写格式。如程序中的左右花括号一般各占一行，并且上下对齐，这样便于检查括号的成对性；程序中的每一行一般只写一条语句，语句结束之后必须要有分号，但是预处理命令和函数首部之后不能添加分号。

经过以上的分析，我们知道，一个C语言程序的基本组成结构可以描述如下，其中 f1～fn 表示用户自定义的函数。

```
#include 语句
void main()
{
说明部分/*变量说明或函数声明语句*/
数据赋值部分/*通过 scanf 函数或其他方法把具体数值赋给变量*/
数据处理部分/*通过赋值、if 语句、函数调用等完成程序的具体功能*/
数据输出部分/*通过 printf 或其他方法将程序的结果进行输出*/
}
f1()
{
    说明部分
    执行部分
}
f2()
{
    说明部分
    执行部分
}
  ⋮
fn()
{
    说明部分
    执行部分
}
```

2.3　C语言程序设计的主要过程

当我们掌握了C语言程序的基本组成结构后，书写一个简单C语言程序就不再是一件遥不可及的事情。下面我们通过求解一个具体的例子来说明C语言程序设计的具体过程，可能有些地方读者不是非常清楚，但你只需注意实现C语言程序的关键步骤，这才是我们讲解此例的目的。

[例2.6]　输入一个三位数，并在屏幕上显示其个、十、百位上的数字。

我们首次面临一个编程任务，仔细分析一下，如何进行一个程序的编写，分为几个步骤？每个步骤的任务是什么？如何确认你编写的程序是正确的、合乎要求的，下面我们就例2.6展开分析。

2.3.1　问题分析与算法描述

对要求解的问题进行分析是我们要做的第一步，这样就可以清楚地认识到我们的任务。程序的需求是求一个三位数的个、十、百位上的数字，那么我们就能确定该程序所处理的整数只能是三位数，也就是说在100～999这个范围内，当用户输入其他整数时，该程序是不能进行处理的。

从上小节中介绍的C语言程序的基本组成结构来看，我们是否需要用户自定义函数呢？如果不需要，我们则由主函数来实现程序的功能。在主函数内部，我们需要对以下问题进行进一步的细化：

(1) 首先，我们考虑本例中是否需要输入数据。很显然我们首先必须从键盘输入一个三位数。当输入了一个合法的三位数之后，才能进一步地对问题进行求解。根据前面的例题，我们可以设置一个变量(如n)，用来存放从键盘输入的整数。

(2) 其次，我们思考程序的输出数据，任何程序都必须有输出，本程序的输出是个位、十位和百位上的数字。为了处理方便，分别用三个变量a、b、c表示，当a、b、c有了具体的数值之后，再进行输出。

(3) 最后考虑的是数据处理部分，这也是求解本例的关键步骤。对于一个三位数，如何求解其各位上的数字，这显然又是我们下一步需要讨论的问题。在C语言中提供了多种算术运算符，+、-、*、/，这些都是我们熟悉的，另外，还有取模运算(%)，即求余。读者需要注意的是，C语言中进行取模运算(%)的操作数必须是整型数据，另外，当进行除法运算(/)的操作数都为整型数据时，进行的是整除。有了这些运算符就可以快速地进行求解，如当三位数n=123时，我们可以利用赋值表达式a=n%10就可以求得个位的数字3，同样十位上的数字可以利用表达式b=(n/10)%10求解，百位上的数字c=n/100。

基于上述分析，我们就找到了解决该问题的算法。正如前面所说，对于同一个问题，一般有多种解决的方法，请读者自己思考有没有其他方法同样可以求出一个三位数的个、十、百位数。

根据前面的分析，我们可以用结构化流程图(N-S图)来描述以上的解题步骤，如图2.4所示。

输入一个三位数整数 n
求出个位上的数字 a=n%10
求出十位上的数字 b=(n/10)%10
求出百位上的数字 c=n/100
分别输出 a,b,c

图 2.4 求解例 2.6 **的** N—S **图**

2.3.2 程序的编辑

当确定了解决问题的步骤后，我们就可以按照图 2.4 的流程图，把每一步求解的步骤转换成 C 语言的语句，当然前提条件是要符合 C 语言的语法规则。例如，要完成一个整数的输入，必定要用到 scanf 函数，进行输出又需要 printf 函数。另外还要根据 C 语言程序的组成结构，添加必要的说明部分，思考是否需要添加预处理命令等。有了上述的准备后，我们可以打开 Turbo C 2.0，在该环境中编辑源程序，然后保存为 test. c。求解例 2.6 的程序如下：

```
void main()
{
  int n,a,b,c;
  printf("please input a integer number(100～999): ");
                                    /* 在屏幕上显示提示字符串 */
  scanf("%d", &n);                  /* 调用 scanf 函数，由键盘输入 n 的值 */
  a=n%10;                           /* 分别求出个、十、百位上的数字 */
  b=(n/10)%10;
  c=n/100;
  printf("%d: %d-%d-%d\n",n,a,b,c);  /* 按指定格式输出 n,a,b 和 c */
}
```

本程序的执行过程是：首先在屏幕上显示提示字符串，当用户从键盘上键入一个三位数后，按下回车键，接着会在屏幕上显示程序运行结果。

当我们编辑了一个程序后，不要急于进行编译，先从整体结构上浏览该程序，排除一些低级错误。以下是初学者经常犯的错误：如花括号没有成对出现，语句后面遗漏了分号，scanf 函数中变量 n 前面遗漏了“&”符号，程序中出现的变量没有预先进行定义等。

2.3.3 程序的编译与运行

当编辑好 test. c 后，下一步的工作就是验证我们编写的程序是否能解决例 2.6 的问题。首先我们应用 C 语言的编译程序对其进行编译，以生成以二进制代码表示的目标程序(后缀名一般为. obj)。当然我们在编译程序时，如果程序中有语法错误，编译程序就会指出该语法错误，而不生成二进制代码。比如在例 2.6 的源程序中，如果把 a=n%10;改为 a=n%10，那么经过编译后，屏幕下方会出现如下一条信息：

```
Error TEST. C 6:Statement missing;
```

这条信息告诉我们，程序的第 6 行出现错误，错误是少了一个“;”，因为 C 语句结束后要有分号。对于初学者来说，对于编译后出现的信息，可能会感到无从下手，但实际上每条信息都会告诉编程者出现错误的地方和错误的原因，只要不断地进行经验的积累，应对这些编译中出现的问题就不再是难事。

当程序通过了语法检查、编译生成执行文件后，就可以运行该程序了。那运行程序时，是否就一定能得到我们所需要的结果呢？比如在例 2.6 的源程序中，如果把 a=n%10 改为 a=n/10，该程序依然能通过语法检查，但运行结果却不是我们想要的。这就说明了编译这个过程一般只能检查语法（是否符合 C 语言的书写规则）错误，而不能检查语义（程序的逻辑功能）错误。如果程序有语义错误就需要不断地对程序进行调试，即在程序中寻找和调试错误。

根据以上的分析，我们对例 2.6 的源程序进行编译（Alt+F9），没有发现语法错误，然后开始运行程序（Crtl+F9），此时等待用户输入一个三位数（如 265），按下回车键后回到编辑环境下，用户便可以查看程序的运行结果（Alt+F5）。具体结果如下：

```
please input a integer number(100~999):265 ↙
265:5-6-2
```

当然这只是一组测试数据，用户在调试一个程序时，经常要输入多组数据来验证程序的正确性，防止程序出现漏洞。

经过上述详细介绍，我们掌握了编写一个 C 语言程序的基本步骤：问题分析与算法描述、程序的编辑、程序的编译与运行，这三个步骤都非常关键，缺一不可。对于初学者来说，面对需求解的问题时不要急于编写程序，一定要冷静地对问题进行分析，找到了解决问题的方法后，再按照 C 语言程序的组成结构，一步一步地完善程序。面对编译时出现的语法错误，也要细致地一个一个地进行修改，面对语义错误时，也要不断地进行调试。调试是一个需要耐心和经验的工作，也是程序设计的基本技能。

习 题 二

1. 分析程序，预测其运行结果，并上机检验。

```
#include <stdio.h>
void main()
{
  printf(" *\n");
  printf(" * * *\n");
  printf(" * * * * *\n");
  printf(" * * * * * * *\n");
}
```

2. 通过下面的程序用来求三个整数的平均值，请预测其运行结果，并上机检验。

```
void main()
{
  int a,b,c,sum, average;
```

```
    a=13;
    b=57;
    c=34;
    sum=a+b+c;
    average=sum/3;
    printf("average=%d\n",average);
}
```

3. 改写例 2.6 源程序中求 a,b,c 的表达式,使得程序的功能保持不变。
4. 编写一个 C 程序,输出以下信息:

```
* * * * * * * * * * * * * * * * * * * * * * * * * * * *
     This is a C Program
* * * * * * * * * * * * * * * * * * * * * * * * * * * *
```

5. 已知圆半径 r=1.5,编写一程序求圆周长和圆面积。

3 数据类型、运算符和表达式

本章首先说明C语言数据类型的分类、标识符和关键字，然后介绍基本数据类型，最后分别讲述C语言中的各种运算符及其表达式。

3.1 C语言的数据类型

3.1.1 数据类型的分类

C语言的数据类型通常分成四类，基本类型、构造类型、空类型和指针类型，如图3.1所示。其中基本类型包括整型、字符型、浮点型和枚举类型，它最主要的特点是其值不可以再分解为其他类型。构造类型包括数组类型、结构体类型和共用体类型，构造类型是根据已定义的一个或多个数据类型用构造的方法来定义的。指针类型是一种特殊且重要的数据类型，其值表示某个变量在内存中的地址。构造类型和指针类型属于复杂数据类型。

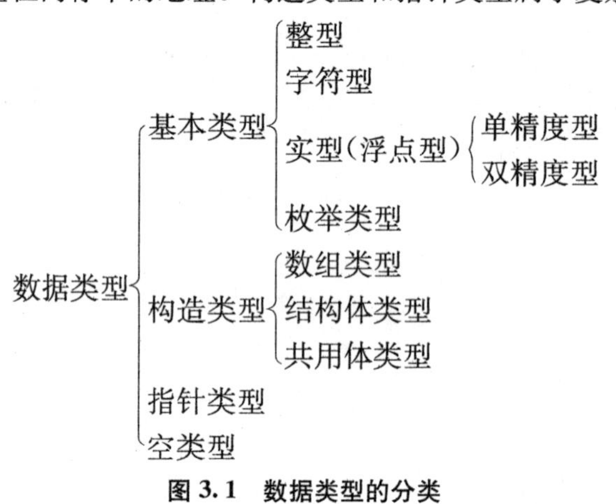

图3.1 数据类型的分类

3.1.2 标识符

用来标识变量名、符号常量名、函数名、数组名、类型名、文件名的有效字符序列称为标识符。简单地说，标识符就是一个名字。C语言规定，标识符只能由英文字母、数字和下划线组成，第一个字符必须是字母或下划线。下面是合法的标识符：

count, sum_number, num1, COUNT, sum_1_2_3

下面是不合法的标识符：

8x, ? abc, No.1, no-1, #abc, mail@sina.com

C语言中标识符区分大小写，如count、Count和COUNT是三个不同的标识符。标识符的长度(字符的个数)没有统一规定，随系统的不同而不同。如IBM PC的MS C规定标识符的长度为8个字符，超过8个字符以外的字符编译系统不作识别。若两个标识符的前8个字符相同，编译系统则将它们视为同一个标识符，如 student001 与 student002 为同一个标识符。

通常用户选择标识符时，应遵循“简单明了”和“见名知意”的原则，选择有含义的英文单词或缩写作为标识符，如 sum、max、min、year、month、day 等，除了数值计算程序外，一般不要采用代数符号(如 a、b、c、x1、y1 等)作为标识符，以增加程序的可读性。

3.1.3 关键字

在程序中，具有特殊含义的标识符称为关键字。关键字都用小写字母，且关键字是具有特定意义的保留字，不能用作用户自定义标识符。C语言一共有32个关键字。其中：

用作数据类型的关键字有：char、const、int、float、double、signed、unsigned、short、long、void、struct、union、typedef、enum、volatile。

用作存储类别的关键字有：auto、extern、register、static。

用作程序结构控制的关键字有：do、while、for、if、else、switch、case、default、goto、continue、break、return。

用于求字节数的关键字有：sizeof。

3.2 常量与变量

在C语言程序中，不同类型的数据可以常量形式或变量形式出现。常量是指在程序执行过程中值不能改变、具有固定值的量。变量是指在程序执行过程中值可以改变的量。

3.2.1 常量

常量又可分为直接常量和符号常量两种。

1. 直接常量

直接常量是由表示值的文字本身直接表示的常量。这类常量包括整型常量、实型常量、字符常量和字符串常量。例如，12、0、－3为整型常量，4.6、3.5、－1.23为实型常量，'a'、'B'为字符常量，"hello"、"china"为字符串常量。

2. 符号常量

符号常量是用标识符表示的一种常量。符号常量在使用之前必须先定义，其一般形式为：

#define 标识符 常量

其中，#define 是一条预处理命令，以“#”开头，其功能是用该标识符代替常量。一经定义，在程序中所有出现该标识符的地方都代表该常量值，可以像常量一样进行运算。

[例3.1]　符号常量的使用。

```
#define PI 3.14
void main()
{
```

```
    int r,s;
    r=10;
    s=PI * r * r;
    printf("s=%d\n",s);
}
```

运行结果：

s=314

程序分析：

程序中用#define命令定义符号常量PI,PI代表常量3.14,可以像常量一样进行运算。

符号常量不同于变量,符号常量的值在它的作用域中不能改变,也不能被重新赋值。习惯上符号常量标识符用大写字母表示,变量标识符用小写字母表示,以示区别。使用符号常量有两大好处,一是提高了程序的可读性,见名知意,如从程序中的符号常量PI可知它代表圆周率;二是方便了程序的修改,一改全改,如,要将圆周率的值调整为3.14159,则只需改动一处,即 #define PI 3.14159,这样程序中所有PI所代表的圆周率一律自动改为3.14159。

3.2.2　变量

在程序运行期间其值可以发生改变的量称为变量。每个变量都必须有一个名字,即变量名,它是一个由用户自定义的符合命名规则的标识符。每个变量在内存中都要占据一定的存储单元,在该存储单元中存放变量的值。变量名和变量值是两个不同的概念,如图3.2所示。程序在编译连接时系统给每个变量名分配一个内存地址,同时根据变量的类型分配一定的内存单元。从变量取值,就是通过变量名找到相应的内存地址,再从其存储单元中读取数据。对变量赋值,就是通过变量名找到相应的内存地址,再将数据写入其存储单元中。

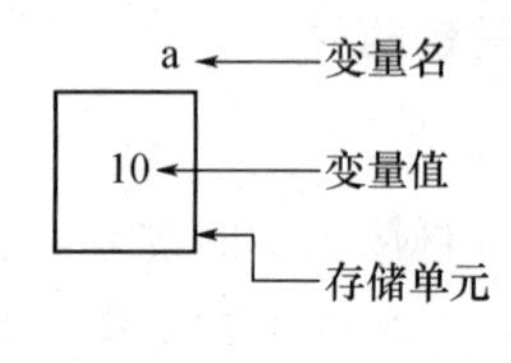

图3.2　变量

1. 变量声明

在C语言中,变量必须"先定义,后使用"。变量定义又称为变量说明或变量声明。变量定义必须给出变量的数据类型、变量的名称,有时还要给出变量的存储方式和允许的操作。编译时,系统根据指定的类型给变量分配一定的存储空间。变量定义语句的一般格式为:

类型标识符　变量名[,变量名,……];

例如:

```
int i;                  /* 定义一个整型变量 i */
int a,b,c;              /* 定义三个整型变量 a,b,c */
float x,y,z;            /* 定义三个实型变量 x,y,z */
```

```
char ch1,ch2;           /* 定义两个字符型变量 ch1,ch2 */
```

类型标识符与变量名之间至少间隔一个空格。允许在一个类型标识符后定义多个相同类型的变量,各变量名之间用逗号分隔。最后一个变量名之后必须以分号“;”结尾。变量定义必须放在变量使用之前,一般放在函数体的开头部分。

在同一程序段中,同一个变量名不允许被重复定义。例如:

```
int a,b,c;
float a;                /* 错误,变量名 a 被重复定义 */
```

2. 变量赋值

变量的赋值是指先进行变量定义,然后再给变量赋值。例如:

```
int a,b;                /* 变量定义 */
a=5; b=5; 或 a=b=5;    /* 变量赋值 */
```

3. 变量初始化

变量的初始化是在变量定义的同时将一个确定的值存储到该存储空间中。变量初始化的一般形式为:

类型标识符　变量1=值1[,变量2=值2,……];

例如:

```
int i=5;            /* 定义整型变量 i,并赋初始值为 5 */
int a,b=5;          /* 定义整型变量 a 和 b,但只对 b 赋初始值为 5 */
float x=1.23,y=0.45;
                    /* 定义实型变量 x 和 y,并分别赋初始值为 1.23、0.45 */
char c='A';         /* 定义字符变量 c,并赋初始值为“A” */
```

在变量的初始化中,不允许连续赋值。例如以下写法是不合法的:

```
int a=b=c=5;
                    /* 编译系统认为只定义了变量 a,没有定义变量 b 和 c */
```

正确的写法是:

```
int a=5,b=5,c=5;
```

3.3　整型数据

整型数据包括整型常量和整型变量。

3.3.1　整型常量

1. 整型常量的表示

整型常量有十进制、八进制和十六进制三种表示形式。

十进制整型常量:没有前缀,数码取值范围为 0～9。如 237、−568、65535、1627 是合法的十进制整型常量。

八进制整型常量:以 0 开头,数码取值范围为 0～7。八进制数通常是无符号整数。如 015(十进制数 13)、0101(十进制数 65)、0177777(十进制数 65535)是合法的八进制整型常量,256(无前缀0)、03A2(含非八进制数码)、-0127(出现负号)是不合法的八进制常量。

十六进制整型常量:以0X或0x开头,数码取值范围为0~9、A~F或a~f。如0X2A(十进制42)、0XA0(十进制160)、0XFFFF(十进制65535)是合法的十六进制常量,5A(无前缀0X)、0X3H(含非十六进制数码)是不合法的十六进制常量。

2. 整型常量的分类

整型常量可以分成基本整型、长整型和无符号整型三类。

基本整型:一般在微机版本的C语言编译系统中,一个基本整型常量占2个字节(16位)的内存单元,按补码形式存放,取值范围在-32768~32767之间。

长整型:如果使用的整型常量超过了基本整型的范围,则需要使用长整型来表示。一个长整型常量占4个字节(32位)的内存单元,取值范围在-2147483648~2147483647之间,长整型常量以字母l或L结尾,如123456789L。长整型123L和基本整型123在数值上并无区别,但123L是长整型,C语言编译系统将为它分配4个字节存储空间,而123是基本整型,只分配2个字节的存储空间,因此在运算和输出格式上要予以注意,避免出错。

无符号整型:如果整型常量占用的内存单元完全存放数据位,没有一个比特的符号位,称为无符号整型。显然,无符号基本整型的取值范围在0~65535之间,无符号长整型的取值范围在0~4294967295之间。无符号基本整型常量以字母u或U结尾,如123u,无符号长整型常量以字母ul或UL结尾,如123456789UL。

3.3.2 整型变量

1. 整型数据在内存中的存放形式

整型数据在内存中是以二进制补码的形式存放的。如果定义了一个整型变量i,

int i;

i=10;

在微机上使用的C语句编译系统中,每个整型变量在内存中占2个字节。整型数据i在内存中的存放形式为:

0	0	0	0	0	0	0	0	0	0	0	0	1	0	1	0

正数的补码和原码相同。负数的补码的求解方法是:将该数的绝对值的二进制形式按位取反再加1。例如求-10的补码,

-10的原码为:

1	0	0	0	0	0	0	0	0	0	0	0	1	0	1	0

取反:

1	1	1	1	1	1	1	1	1	1	1	1	0	1	0	1

再加1,得到-10的补码:

1	1	1	1	1	1	1	1	1	1	1	1	0	1	1	0

2. 整型变量的分类

在C语言中，整型变量可以分为基本整型、短整型、长整型和无符号整型四类。

基本整型：类型说明符为int，在内存中占2个字节，取值范围是$-2^{15}\sim2^{15}-1$，即$-32768\sim32767$。

短整型：类型说明符为short int或short，所占字节和取值范围均与基本整型相同。

长整型：类型说明符为long int或long，在内存中占4个字节，取值范围是$-2^{31}\sim2^{31}-1$。

无符号整型：类型说明符为unsigned，所占内存空间与相应的有符号类型变量相同，但由于省去符号位，所以不能表示负数。

例如，有符号整型变量最大可以表示32767，最高位代表符号位，0表示正数，1表示负数。

0	1	1	1	1	1	1	1	1	1	1	1	1	1	1	1

无符号整型变量最大可以表示65535，最高位代表数据位。

1	1	1	1	1	1	1	1	1	1	1	1	1	1	1	1

无符号整型可以与上述的基本整型、短整型和长整型进行匹配，构成无符号基本整型、无符号短整型和无符号长整型三种数据类型。

无符号基本整型：类型说明符为unsigned int或unsigned，在内存中占2个字节，取值范围是$0\sim2^{16}-1$，即$0\sim65535$。

无符号短整型：类型说明符为unsigned short，所占字节和取值范围均与无符号基本整型相同。

无符号长整型：类型说明符为unsigned long，在内存中占4个字节，取值范围是$0\sim2^{32}-1$。

表3.1列出了Turbo C中各类整型变量所占的内存字节数以及数的取值范围。其中，方括号内的部分可以省略不写。

表3.1　整型变量所占内存字节数及数的取值范围

类型说明符	数的取值范围		字节数
int	$-32768\sim32767$	即$-2^{15}\sim2^{15}-1$	2
unsigned [int]	$0\sim65535$	即$0\sim2^{16}-1$	2
short [int]	$-32768\sim32767$	即$-2^{15}\sim2^{15}-1$	2
unsigned short	$0\sim65535$	即$0\sim2^{16}-1$	2
long [int]	$-2147483648\sim2147483647$	即$-2^{31}\sim2^{31}-1$	4
unsigned long	$0\sim4294967295$	即$0\sim2^{32}-1$	4

以十进制整数9为例，其各种类型的整型在内存单元中存储形式为：

int型：

00	00	00	00	00	00	10	01

short int 型：

00	00	00	00	00	00	10	01

long int 型：

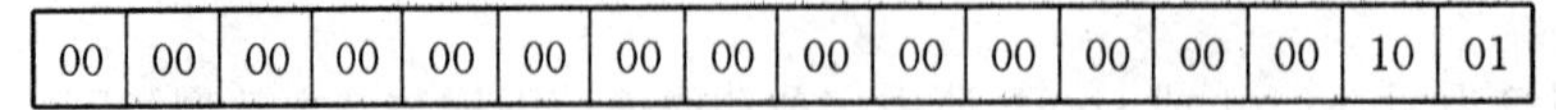

00	00	00	00	00	00	00	00	00	00	00	00	00	00	10	01

unsigned int 型：

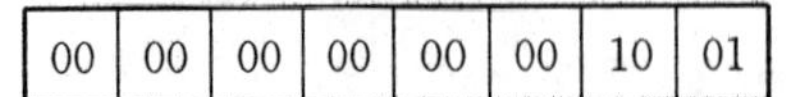

00	00	00	00	00	00	10	01

unsigned short 型：

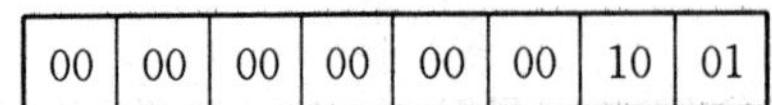

00	00	00	00	00	00	10	01

unsigned long 型：

00	00	00	00	00	00	00	00	00	00	00	00	00	00	10	01

3. 整型变量的定义

整型变量的定义格式一般如下：

整型变量类型符 变量名[,变量名,……]；

例如：

```
int a,b,c;              /* 定义三个整型变量 a,b,c */
long int x,y,z;         /* 定义三个长整型变量 x,y,z */
unsigned m,n;           /* 定义两个无符号整型变量 m,n */
```

[例 3.2] 整型变量的定义与使用。

```
void main()
{
  int a,b,c;
  unsigned u;
  a=20;
  b=40;
  c=30;
  u=a+b+c;
  printf("u=%u\n",u);
}
```

运行结果：

u=90

程序分析：

程序首先定义三个整型变量 a、b、c 和一个无符号整型变量 u，然后对 a、b、c 三个变量进行赋值，将 a+b+c 的总和赋值给变量 u，最后使用输出函数 printf 输出变量 u 的值。

4. 整型数据的溢出

当整数的绝对值太大，以致超出整型数据所能表示的取值范围时称为整型数据溢出。例如，在 16 位机器上，int 型整数能表示的最大正值为 32767，最小负值为 −32768，如果超过此范围，将会产生数据溢出。

［例 3.3］　整型数据的溢出。

```
void main()
{
    int a,b;
    a=32767;
    b=a+1;
    printf("a=%d,b=%d\n",a,b);
}
```

运行结果：

a=32767,b=-32768

程序分析：

变量 a 的值是 32767，它在内存中的存储方式是：最高位为 0，后 15 位全为 1。

0	1	1	1	1	1	1	1	1	1	1	1	1	1	1	1

变量 a 的值加 1 后，变量 b 在内存中的存储方式是：最高位为 1，后 15 位全为 0。

1	0	0	0	0	0	0	0	0	0	0	0	0	0	0	0

它是－32768 的补码形式，所以输出变量 b 的值为－32768。

在 16 位机器中，一个整型变量只能容纳－32768～32767 范围内的数，超出此范围就会发生数据溢出。整型常量溢出，编译时产生语法错误。整型变量溢出，运行时并不报错，但将得不到正确的结果，要靠程序员的细心和经验来保证结果的正确。

为了避免数据溢出，可根据具体情况将整数相应地表示为长整型数、无符号整型数或无符号长整型数。解决方法是，对于整型常量可以通过加后缀 l 或 L 变成长整型常量，通过加后缀 u 或 U 变成无符号型常量，对于变量则定义为 long、unsigned 或 unsigned long 类型。

3.4　实型数据

实型也称浮点型，实型数据包括实型常量和实型变量。

3.4.1　实型常量

1. 实型常量的表示

实型常量也称为实数或浮点数。在 C 语言中实型常量有两种表示方法：十进制小数形式和指数形式。

十进制小数形式：由数码 0～9 和小数点组成，注意必须有小数点。如 0.0、25.0、1.23、100.、－123.45 等均为合法的实数。

指数形式：由十进制数，阶码标志符 e 或 E 和阶码组成，一般格式为：aEn（a 为十进制数，n 为十进制整数，不可省略），表示 $a\times10^n$。2.1E5、3.7E－2、0.5E7、－2.8E－5 均为合法的指数形式，E7（阶码 E 前无数字）、－5（无阶码标志）、53.－E3（负号位置不对）、2.7E

(无阶码)均为不合法的指数形式。一个实数有多种指数表示形式,其中有一种称为规范化指数形式,即在 e 之前的小数部分小数点左边有且只有一位非零的数字,如:1.252e3、2.3478e5 是规范化指数形式,而 0.123e2(小数点左边不是非零整数)、13.5e4(小数点左边非零的数字超过 1 个)都不是规范化的指数形式。

2. 实型常量的分类

实型常量可以分为单精度实型和双精度实型两类。

单精度实型:在一般微机版本的 C 语言编译系统中,一个单精度实型常量占 4 个字节(32 位)的内存单元,单精度实数的有效数字为 6～7 位,数值范围是 10^{-38}～10^{38}。在一个实型常量后面加上字母 f 或 F,则认为是单精度实型常量,如 2009.08f。

双精度实型:一个双精度实型常量占 8 个字节(64 位)的内存单元,双精度实数的有效数字为 15～16 位,数值范围是 10^{-308}～10^{308}。为了保证计算结果的精度,C 语言将实型常量作为双精度来处理,如 2009.08、－2009.08 都默认采用双精度(64 位)存储并参与运算,如果要使用单精度实型,必须在后面加上字母 f 或 F。

3.4.2　实型变量

1. 实型数据在内存中的存放形式

一个实型数据一般在内存中占 4 个字节(32 位)。实型数据是按照指数形式存储的,将实型数据分成尾数和指数两部分分别存放。123.4567 在内存中的存放形式如图 3.3 所示。

小数部分占的位数越多,实数的有效数字越多,精度越高。指数部分占的位数越多,能表示的数值范围越大。

+	.1234567	3
数符	尾数部分	指数

图 3.3　实型数据在内存中的存储形式

2. 实型变量的分类

实型变量分为单精度、双精度和长双精度三类。表 3.2 列出了各类实型变量的特征参数。

单精度实数:类型说明符为 float,在内存中占 4 个字节(32 位),取值范围是 3.4E－38～3.4E＋38,能提供的有效数字位数为 6～7 位。

双精度实数:类型说明符为 double,在内存中占 8 个字节(64 位),取值范围是 1.7E－308～1.7E＋308,能提供的有效数字位数为 15～16 位。

长双精度实数:类型说明符为 long double,在内存中占 16 个字节(128 位),能提供的有效数字位数为 18～19 位。

表 3.2　各类实型变量的特性参数

类型说明符	字节数(位数)	有效数字位数	数的范围
float	4(32)	6～7	10^{-37}～10^{+38}
double	8(64)	15～16	10^{-307}～10^{+308}
long double	16(128)	18～19	10^{-4931}～10^{+4932}

3. 实型数据的舍入误差

由于实型变量是用有限的存储单元存储的，其能提供的有效数字是有限的，在有效位以外的数字将被舍去，因此可能会产生一些误差。

[例3.4]　实型数据的舍入误差。

```
void main()
{
    float a, b;
    a=123456.789e5;
    b=a+20;
    printf("a=%f\n",a);
    printf("b=%f\n",b);
}
```

运行结果：

```
a=12345678848.000000
b=12345678848.000000
```

程序分析：

程序中表明b值比a值大20，但其结果相同。其原因是一个实型变量只能保证7位有效数字，后面的数字是无意义的，所以运行后得到两个相同的结果12345678848.000000。同样可以理解1.0/3 * 3的结果并不等于1。

[例3.5]

```
void main()
{
  float a;
  double b;
  a=33333.33333;
  b=33333.33333333333333;
  printf("a=%f\nb=%f\n",a,b);
}
```

运行结果：

```
a=33333.332031
b=33333.333333
```

程序分析：

由于a是单精度实型，有效位数只有7位。整数部分已占5位，故小数2位之后均为无效数字。b是双精度实型，有效位数为16位，但输出时小数部分只保留6位，其余部分四舍五入。

3.5　字符型数据

字符型数据包括字符常量和字符变量。

3.5.1 字符常量

C语言中的字符常量包括ASCII码字符集中的所有字符,分为可显示字符和不可显示字符。一个字符常量占1个字节(8位)的内存单元,字符在内存中以ASCII码值的形式存储,如a的ASCII值为97,它在计算机内部的存储形式为:

0	1	1	0	0	0	0	1

字符常量有两种表示形式:

(1) 用单引号括起来的一个字符,如'A'、'a'、'8'、'+'、'@'等。字符常量只能用单引号括起来,不能用双引号或其他符号。字符常量只能是单个字符,不能包含多个字符。字符常量可以是字符集中的任意字符,但数字被定义成字符型后就不能参与数值运算,如5和'5'是不同的,'5'是字符常量,5是数值常量。

(2) 转义字符,用单引号括起来的由反斜杠"\"开头的一个字符或一个数字序列。转义字符是一种特殊的字符常量,具有特定含义,不同于字符原有的意义,故称为"转义"字符。如printf函数的格式串中用到的"\n"就是一个转义字符,其含义是"回车换行"。转义字符主要用来表示那些用一般字符不便于表示的控制代码。表3.3列出了常用转义字符及其含义。

表3.3 常用转义字符表

转义字符	功能	转义字符	功能
\n	回车换行	\\	反斜杠字符\
\t	横向跳到下一个制表位	\'	单引号字符
\b	退格	\"	双引号字符
\r	不换行回车	\ddd	1~3位八进制所代表的字符
\f	走纸换页	\xhh	1~2位十六进制所代表的字符

广义地讲,C语言字符集中的任何一个字符均可用转义字符来表示。表中的\ddd和\xhh分别为用八进制和十六进制表示的ASCII码,如'\101'表示字母"A"、"\134"表示反斜杠、"\x0A"表示换行等。

[例3.6] 转义字符的使用。

```
void main()
{
    printf("__ab_c\tde\rf\n");
    printf("hijk\tL\bM\n");
    printf("%c,%c,%c\n",'A','\101','\x41');
}
```

运行结果:

```
f_ab_c␣␣de
hijk␣␣␣␣M
A,A,A
```

程序分析：

第一个 printf 函数先在第一行左端输出__ab _c，遇到“\t”，跳到下一个制表位，在微机系统中一个制表位占8列，下一个制表位从第9列开始，在9～10列上输出 de，遇到“\r”，返回本行最左端第1列，输出字符 f，最后遇到“\n”，使当前位置移到下一行的开头。

第二个 printf 函数先在1～4列上输出 hijk，遇到“\t”，跳到第9列，输出 L，当前位置是第10列，准备输出下一个字符，遇到“\b”，作用是退一格，当前位置回退到第9列，输出 M，原来第9列上的字符 L 被取代，最后遇到“\n”，使当前位置移到下一行的开头。

第三个 printf 函数以字符的形式输出' A '、'\101 '和'\x41 '，其中转义字符'\101 '和 '\x41 '都是字符' A '的等价表示。

3.5.2　字符变量

字符变量用来存储字符常量，一个字符变量占一个字节内存单元，只能存放一个字符常量。字符变量的类型说明符是 char，字符变量类型定义的格式和书写规则都与其他基本类型变量相同。例如：

```
char ch1,ch2;            /* 定义两个字符型变量 ch1,ch2 */
```

1. 字符数据在内存中的存放形式

每个字符变量被分配一个字节的内存空间，因此只能存放一个字符。字符值以 ASCII 码的形式存放在变量的内存单元之中。例如对字符变量 a，b 赋值“m”和“n”，即：

```
a='m'; b='n';
```

由于“m”的十进制 ASCII 码是109，“n”的十进制 ASCII 码是110，实际上是在 a、b 两个单元内存放109和110的二进制代码，即：

a：

0	1	1	0	1	1	0	1

b：

0	1	1	0	1	1	1	0

2. 字符数据的使用

由于在内存单元中的字符数据以 ASCII 码存储，它的存储形式与整数的存储形式类似，所以字符型数据和整型数据之间可以通用。C 语言允许对整型变量赋以字符值，也允许对字符变量赋以整型值。一个字符数据既可以以字符形式输出，也可以以整数形式输出。以字符形式输出时，将存储单元中的 ASCII 码转换成相应字符输出。以整数形式输出时，直接将 ASCII 码作为整数输出。字符数据可以参与数值运算，等价于用字符的 ASCII 码参与运算。

[例3.7]　将整数赋值给字符变量。

```
void main()
{
  char a,b;
```

```
  a=109;
  b=110;
  printf("%c, %c \n",a,b);
  printf("%d, %d \n",a,b);
}
```

运行结果：

m, n

109, 110

程序分析：

程序中定义a、b为字符型变量，但在赋值语句中赋以整型值。因为“m”和“n”的ASCII码值为109和110，它的作用相当于以下两条赋值语句：

a='m'; b='n';

字符型变量a、b值的输出形式取决于printf函数格式串中的格式符，当格式符为“%c”时，对应输出的变量值为字符，当格式符为“%d”时，对应输出的变量值为整数。字符型数据和整型数据互相通用，它们既可以用字符形式“%c”输出，也可以用整数形式“%d”输出。但是应注意字符数据只占一个字节，它只能存放0～255范围内的整数。

[例3.8]　字符数据参与数值运算。

```
void main()
{
  char a,b;
  a='M';        b='N';
  a=a+32;       b=b+32;
  printf("%c, %c \n",a,b);
}
```

运行结果：

m, n

程序分析：

程序的作用是将两个大写字母“M”和“N”转换成小写字母“m”和“n”。从ASCII码表中可以看到每一个小写字母比与它对应的大写字母的ASCII码大32。C语言允许字符数据与整数直接进行算术运算，'M'+32会得到整数109。

3.5.3　字符串常量

用一对双引号括起来的零个或多个字符序列称为字符串常量，如"LiMing"、"Hello"。字符串的长度是指该字符串中字符的个数，不包括双引号，如以上两个字符串的长度分别为6和5。

字符串常量在机器内存储时，系统会自动在字符串末尾加一个字符串结束标志“\0”，该结束标志在内存中占用一个字节，但不记入字符串长度，输出时也不会输出“\0”，如字符串"Hello World"在内存中占12个字节：

H	e	l	l	o		W	o	r	l	d	\0

字符串常量和字符常量是不同类型的常量。字符常量由单引号括起来，字符串常量由双引号括起来。字符常量只能是单个字符，字符串常量则可以是多个字符。字符常量占一个字节的内存空间，字符串常量占的内存字节数等于字符串长度加 1，增加的一个字节中存放字符串结束标志“\0”。如字符常量'a'和字符串常量"a"虽然都只有一个字符，但在内存中的情况是不同的。

在 C 语言中没有专门的字符串变量，如果想将一个字符串存放在变量中，必须使用字符数组，这将在第 7 章中介绍。

3.6　各种类型数据之间的混合运算

整型、实型、字符型数据间可以混合运算。例如，7+1.5 *'A'−28。在进行运算时，不同类型的数据要先转换成同一类型，然后进行运算。转换的方法有两种：一种是自动类型转换，另一种是强制类型转换。

1. 自动类型转换

两种情况下会发生自动类型转换，一种是不同数据类型的混合运算，另一种是赋值号两边的数据类型不同时的赋值运算。

不同数据类型进行混合运算时，由编译系统自动完成自动类型转换。转换规则如图 3.4 所示。

图中横向向左的箭头表示必定的转换。char 型和 short 型数据参与运算时，必须先转换成 int 型。float 型的数据参与运算时，必须先转换成 double 型，再作运算。

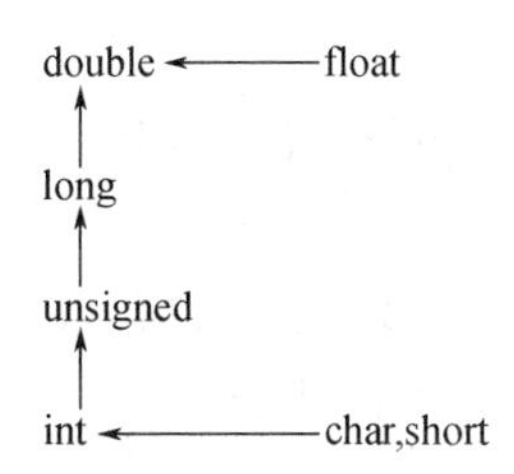

图 3.4　自动类型转换规则

图中纵向向上的箭头表示当运算对象为不同类型时的转换方向。转换按数据长度增加的方向进行，以保证精度不降低。如 int 型数据和 long 型数据运算时，先把 int 型数据转化成 long 型数据后再进行运算。

［例 3.9］　各类数据混合运算中的自动类型转换。

假设有如下变量说明：

```
char ch;
int i;
float x;
double z;
```

表达式 (ch/i)+(i+x)*(x * z) 在执行过程中的类型转换情况及结果类型如图 3.5

所示。

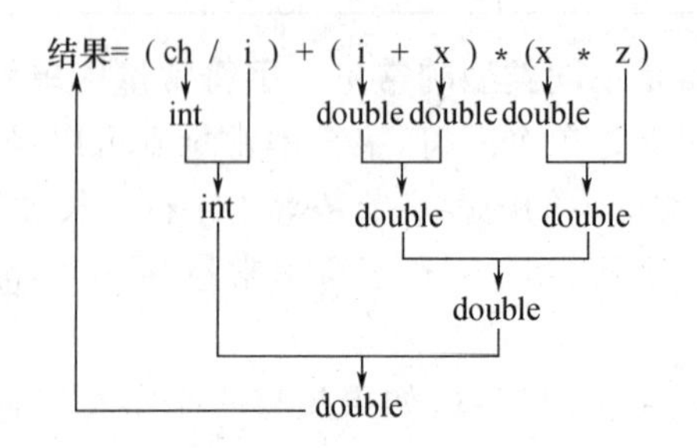

图 3.5　各类数据混合运算中的自动类型转换

在赋值运算中,赋值号两边的数据类型不同时,赋值号右边值的数据类型将转换为左边变量的类型。如果右边值的数据类型长度比左边长,将会丢失一部分数据,这样会降低精度。丢失的部分按四舍五入向前舍入。

[例 3.10]　赋值运算中的自动类型转换。

```
void main()
{
  float pi=3.14159;
  int s,r=5;
  s=pi * r * r;
  printf("s=%d\n",s);
}
```

运行结果:

s=78

程序分析:

在程序中,pi 为 double 型,s 和 r 为 int 型。在执行 s=pi * r * r;语句时,r 和 pi 都将转换成 double 型计算,所以 pi * r * r 的结果也为 double 型。但在语句 s=pi * r * r;中,s 为 int 型,pi * r * r 的结果为 double 型,赋值号两边的数据类型不相同,故赋值结果仍为 int 型,即舍去 pi * r * r 结果的小数部分。

2. 强制类型转换

强制类型转换是通过类型转换运算来实现的,其一般形式为:

(类型说明符)(表达式)

其功能是把表达式的运算结果强制转换成类型说明符所表示的类型。例如:

```
(float)a            /* 把变量 a 的值强制转换成 float 型 */
(int)(x+y)          /* 把表达式 x+y 的值强制转换成 int 型 */
(float)(5/3)        /* 把表达式 5/3 的值强制转换成 float 型 */
```

在使用强制转换时需要注意,类型说明符和表达式都必须加括号(单个变量可以不加括号),如果把(int)(x+y)写成(int)x+y,则结果是把 x 转换成 int 型之后再与 y 相加。

无论是强制类型转换或是自动类型转换,得到的是一个所需类型的中间结果,原来变量的类型未发生变化。

［例 3.11］

```
void main()
{
  float f=8.17;
  int i=(int)f;
  printf("f=%f,i=%d\n",f,i);
}
```

运行结果：

f=8.170000,i=8

程序分析：

(int)f 的作用是提供一个 int 型的中间结果，而 f 本身的类型并没有改变，因此(int)f 的值为 8，而 f 的值仍为 8.17。

3.7　C 语言的运算符与表达式

C 语言中运算符和表达式数量之多，在高级语言中是少见的。正是这些丰富的运算符和表达式使 C 语言的功能十分完善，这也是 C 语言的主要特点之一。

3.7.1　C 语言的运算符简介

1. 运算符的分类

C 语言的运算符可分为以下几类：

(1) 算术运算符：用于各类数值运算，包括：+（加）、－（减）、*（乘）、/（除）、%（求余或称模运算）、++（自增 1）、－－（自减 1），共 7 种。

(2) 关系运算符：用于比较运算，包括：＞（大于）、＜（小于）、==（等于）、＞=（大于等于）、＜=（小于等于）、！=（不等于），共 6 种。

(3) 逻辑运算符：用于逻辑运算，包括：！（非）、&&（与）、||（或），共 3 种。

(4) 位操作运算符：按二进制位进行运算，包括：&（按位与）、|（按位或），～（取反）、^（按位异或）、≪（左移）、≫（右移），共 6 种。

(5) 赋值运算符：用于赋值运算，包括：=（简单赋值），+=、－=、*=、/=、%=（复合算术赋值），&=、|=、^=、≫=、≪=（复合位运算赋值）三类，共 11 种。

(6) 条件运算符(?:)：这是一个三目运算符，用于条件求值。

(7) 逗号运算符(,)：用于把若干表达式组合成一个表达式。

(8) 指针运算符(* 、&)：用于取内容(*)和取地址(&)两种运算。

(9) 求字节数运算符(sizeof)：用于计算数据类型所占的字节数。

(10) 特殊运算符：有括号()、下标[]、成员运算符(.)、指向运算符(－＞)等几种。

2. 运算符的优先级与结合性

C 语言中表达式是由常量、变量、函数和运算符组合起来的式子。表达式的运算规则是由运算符的功能和运算符的优先级与结合性决定的。

为了使表达式按一定的顺序求值，编译程序将所有运算符分成若干组，按运算执行的先后顺序分别为每组规定了一个等级，称为运算符的优先级。当一个表达式中有多个运算符时，优先级较高的运算符先执行运算，优先级较低的运算符后执行运算。

处于同一优先级的运算符的运算顺序称为运算符的结合性，运算符的结合性分为从左至右和从右至左两种，绝大部分运算符是按从左至右的顺序运算。

C语言的运算符及其优先级和结合性参见附录。从附录中可看出，所有运算符被分为15个运算等级，1级为最高优先级，2级其次，依次递减，15级为最低优先级。除2级、13级和14级是从右至左结合以外，其余各级均为从左至右结合。其中圆括号“()”处于最高优先级，它除了表示函数调用操作外，通常用于强制改变表达式中由优先级和结合性规定的运算顺序，以满足运算逻辑上的需要。

3.7.2 算术运算符和算术表达式

算术运算符包括＋(加)、－(减)、*(乘)、/(除)、%(求余)、＋＋(自增1)、－－(自减1)，共7种。其中＋、－、*、/、%为基本的算术运算符。

用算术运算符和括号将操作数连接起来的、符合C语言语法规则的式子称为算术表达式。操作数包括常量、变量、函数等。以下是算术表达式的例子：

```
a * b/5+3.5-'a'
(x+y) * 8-(a+b)/7
```

1. 基本的算术运算符

加法运算符(＋)：双目运算符，即应该有两个量参与加法运算，如a＋b、4＋3等，具有左结合性。

减法运算符(－)：双目运算符，如a－b、4－3等，具有左结合性。但“－”也可以作为负值运算符，负值运算符是单目运算符，如－x、－5等。

乘法运算符(*)：双目运算符，具有左结合性。

除法运算符(/)：双目运算符，具有左结合性。参与运算的量均为整型时，结果也为整型，舍去小数。如果运算量中有一个是实型，则结果为双精度实型。

求余运算符(%)：又称模运算符，双目运算符，具有左结合性。要求参与运算的量均为整型，如5%3。求余运算的结果等于两个数相除后的余数。

[例3.12] 算术运算示例。

```
void main()
{
  float a=7.8;
  printf("%d, %d\n",10/7,-10/7);
  printf("%f, %f\n",10.0/7,-10.0/7);
  printf("%d\n",(int)a%2);
}
```

运行结果：

```
1,-1
1.428571,-1.428571
```

1

程序分析：

表达式10/7和－10/7中参与运算的量均为整型，结果也为整型，小数部分全部舍去，所以结果为1和－1。表达式10.0/7和－10.0/7中有实数参与运算，是不同数据类型的混合运算，会发生自动类型转换，将int型数据自动转换成double型数据后进行运算，因此结果也为double型。求余运算要求其两侧均为整型量，a为float型，则表达式"a%2"不合法，必须用"(int)a%2"，从附录中可以查到，强制类型转换运算优先于%运算，因此先进行(int)a的运算，得到一个整型的中间变量7，然后再对2求模，7%2的结果为1。

2. 自增、自减运算符

自增1运算符(++)：自增1运算的功能是使变量值自动增加1。

自减1运算符(--)：自减1运算的功能是使变量值自动减去1。

自增1和自减1运算符均为单目运算符，具有右结合性，可有以下四种形式：

```
++i          /* i自增1后再参与其他运算 */
--i          /* i自减1后再参与其他运算 */
i++          /* i参与运算后再自增1 */
i--          /* i参与运算后再自减1 */
```

粗略地看，++i和i++的作用相当于i=i+1。但++i和i++不同之处在于++i是先执行i=i+1后，再使用i的值；而i++是先使用i的值，再执行i=i+1。如果i的原值等于3，执行下面的赋值语句：

```
j=++i;       /* i的值先变成4，再赋给j，j的值为4 */
j=i++;       /* 先将i的值3赋给j，j的值为3，然后i变为4 */
```

自增1和自减1运算在理解和使用上容易出错，特别是当它们出现在较复杂的表达式或语句中时，常常难于弄清，因此应仔细分析。

[例3.13]　自增、自减运算示例。

```
void main()
{
   int i=8;
   printf("++i=%d, ",++i);
   printf("--i=%d, ",--i);
   printf("i++=%d, ", i++);
   printf("i--=%d, ", i--);
   printf("-i++=%d,",-i++);
   printf("-i--=%d\n",-i--);
}
```

运行结果：

```
++i=9,--i=8, i++=8, i--=9,-i++=-8,-i--=-9
```

程序分析：

第3行i的初值为8；第4行先将i的值加1，i的值变成9，然后输出++i的值9；第5行先将i的值减1，i的值变成8，然后输出--i的值8；第6行先输出i的值8，然后i的值加

1变成9;第7行先输出i的值9,然后将i的值减1变成8;第8行先输出－i的值－8,然后i的值加1变成9;第9行先输出－i的值－9,然后将i的值减1,i的值变成8。

[例3.14] 自增、自减运算示例。

```
void main()
{
   int i=6,j=6,p,q;
   p=(i++)+(i++)+(i++);
   q=(++j)+(++j)+(++j);
   printf("p=%d,q=%d,i=%d, j=%d\n ", p,q,i,j);
}
```

运行结果:

```
p=18,q=27,i=9,j=9
```

程序分析:

p=(i++)+(i++)+(i++)应理解为先将三个i相加,故p值为18,然后i再自增1三次,故i最后的值为9。q=(++j)+(++j)+(++j)却应该理解为j先自增1三次后j值是9,然后将三个9相加,故q的值为27。

[例3.15] 自增、自减运算示例。

```
void main()
{
   int x=100;
   printf("%d, %d, %d, %d\n ",x++,x,--x,x);
   printf("%d \n ", x);
}
```

运行结果:

```
99,99,99,100
100
```

程序分析:

在调用函数时,实参的求值顺序C语言标准并无统一规定。在多数系统中对函数参数的求值次序是从右自左。在printf("%d, %d, %d, %d\n ",x++,x,--x,x)语句中,先求出第4个参数x的值100;然后求出第3个表达式--x的值99,x自减1后x值为99;下面求出第2个参数x的值99;最后求出第1个表达式x++的值99,x自加1后x值为100。所以该程序中第一个printf函数的输出是“99,99,99,100”。

[例3.16] 自增、自减运算示例。

```
void main()
{
   int a,b,c;
   a=b=c=6;
   a=++b+++c;          /* 等价于a=(++b)+(++c);a=14,b=7,c=7 */
   a=b+++c++;          /* 等价于a=(b++)+(c++);a=14,b=8,c=8 */
```

```
  a=++b+c++;        /* 等价于 a=(++b)+(c++);a=17,b=9,c=9 */
  a=b--+--c;        /* 等价于 a=(b--)+(--c);a=17,b=8,c=8 */
  a=b+++c;          /* 等价于 a=(b++)+c;a=16,b=9,c=8 */
  printf("a=%d, b=%d, c=%d\n",a,b,c);
}
```

运行结果：

a=16, b=9, c=8

程序分析：

C语言编译系统在处理时尽可能多地（自左而右）将若干个字符组成一个运算符（在处理标识符、关键字时也按同一原则处理），如 b+++c，会被解释为（b++）+c，而不是 b+(++c)。为避免误解，最好采取大家都能理解的写法，不要写成 b+++c 的形式，而应写成（b++）+c 的形式。

[例 3.17]　自增、自减运算示例。

```
void main()
{
  int i=3;
  printf("%d,%d",i+++i+++i++, i+++i+++i++);
}
```

运行结果：

21,12

程序分析：在函数参数中变量的自加和自减和上面的计算有所不同，本例的计算过程是这样的，6+7+8,3+4+5，之所以这样运算，是因为 printf 函数的参数需要使用一种堆栈结构，该结构决定了上面的运算过程。

3.7.3　赋值运算符和赋值表达式

1. 简单赋值运算符及简单赋值表达式

在C语言中，“=”称为简单赋值运算符。由简单赋值运算符“=”连接的式子称为简单赋值表达式，或简称为赋值表达式，其一般形式为：

变量=表达式

例如：

x=a+b

y=5+(++i)

赋值表达式的功能是计算表达式的值再赋给左边的变量。赋值表达式的值就是被赋值的变量的值。例如：

```
a=5     /* 变量 a 的值为 5,表达式 a=5 的值为 5 */
```

上述一般形式的赋值表达式中的表达式又可以是一个赋值表达式。

```
a=(b=5)  /* 等价于 b=5 和 a=b,变量 a 的值为 5,b 的值为 5,表达式的值为 5 */
```

赋值运算符具有右结合性，故表达式“a=(b=5)”和表达式“a=b=5”等价。

凡是表达式可以出现的地方均可出现赋值表达式。

a=5+(c=6)　　/* 变量c的值为6,变量a的值为11,表达式的值为11 */

a=(b=4)+(c=6)　　/* 变量b的值为4,变量c的值为6,表达式的值为10 */

2. 赋值运算中的类型转换

如果赋值运算符两边的数据类型不相同,系统将自动进行类型转换,即把赋值号右边的类型换成左边的类型。具体规则如下:

(1) 实型数据赋给整型变量时,舍去小数部分。反之,整型数据赋给实型变量时数值不变,但将以浮点形式存放,即增加小数部分,小数部分的值为0。

(2) 字符型数据赋给整型变量时,由于字符型为1个字节,而整型为2个字节,故将字符的ASCII码值放到整型变量的低8位中,如果字符型数据是无符号的,则整型变量高8位全部补0;如果是带符号的,则若其符号位为0,则整型变量高8位全部补0,若为1,则全部补1,这称为符号位扩展。反之,将整型数据赋给字符型变量,则只把整型数据低8位赋予字符型变量。

[例3.18] 赋值运算中类型转换示例。

```
void main()
{
  int a,b=322,c;
  float x,y=8.88;
  char c1='k',c2;
  a=y;
  x=b;
  c=c1;
  c2=b;
  printf("a=%d, x=%f, c=%d, c2=%c\n ",a,x,c,c2);
}
```

运行结果:

a=8, x=322.000000, c=107, c2=B

程序分析:

本例体现了上述赋值运算中类型转换的规则。语句a=y,将实型量8.88赋给整型量a,只取整数8。语句x=b,整型量322赋给实型量x,其后增加了小数部分。语句c=c1,将字符型变量赋给整型变量c,直接将“k”的ASCII码107赋予c。语句c2=b,将整型量322赋予字符型量c2,取其低8位成为字符型(322的低8位为01000010,即十进制66,按ASCII码对应于字符“B”)。

(3) double型数据赋给float型变量,截取其前面7位有效数字存放到float变量的存储单元(32位)中,但应注意数值范围不能溢出。反之,float型数据赋值给double型变量,数值不变,有效位数扩展到16个,在内存中以64位存储。例如,

```
float f;
double d=123.456789e100;
f=d;
```

就会出现溢出的错误。

(4) 带符号的整型数据(int 型)赋给 long 型变量，需要进行符号扩展，将整型数的 16 位送到 long 型低 16 位中，如果 int 型数据为正值(符号位为 0)，则 long 型变量的高 16 位补 0；如果 int 型变量为负值(符号位为 1)，则 long 型变量的高 16 位补 1，以保持数值不改变。不带符号的整型数据(unsigned int 型)赋给 long 型变量，不存在符号扩展问题，只需将高 16 位补 0 即可。反之，long 型数据赋给整型变量，只将 long 型数据中低 16 位原封不动地送到整型变量(即截断)。

[例 3.19]　long 型数据赋给 int 型变量。

```
void main()
{
  long a=65536;
  int b;
  b=a;
  printf("a=%ld, b=%d \n",a,b);
}
```

运行结果：

a=65536, b=0

程序分析：

赋值情况如图 3.6 所示，只将数据 a 中低 16 位原封不动地送到整型变量 b 中，故 b 的值为 0。

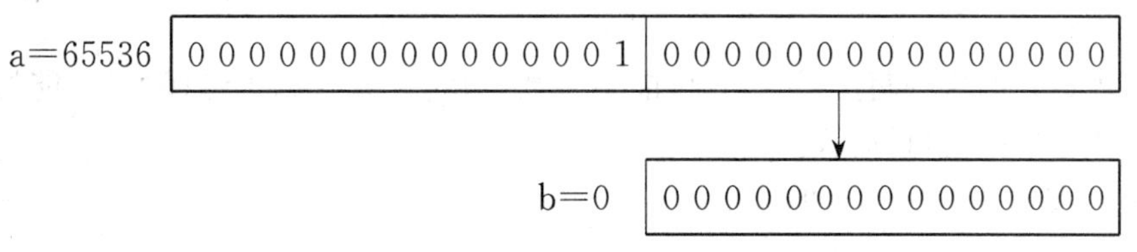

图 3.6　long 型数据赋给 int 型变量

(5) unsigned 型数据赋给字节数相同的整型变量(unsigned int 型赋给 int 型，unsigned long 型赋给 long 型，unsigned short 型赋给 short 型)时，将 unsigned 型数据中的内容原样送到非 unsigned 型变量中，但如果数据范围超过相应整型的范围，则会出现数据错误。反之，非 unsigned 型数据赋给长度相同的 unsigned 型变量，也是原样照赋(连原有的符号位也作为数值一起传送)。

[例 3.20]　unsigned int 型数据赋给 int 型变量。

```
void main()
{
  unsigned int a=65535;
  int b;
  b=a;
  printf("b=%d \n ", b);
}
```

运行结果：

b=-1

程序分析：

赋值情况如图 3.7 所示。将数据 a 原封不动地送到整型变量 b，由于 b 是 int 型，第 1 位是符号位，1 代表负数，根据补码知识，b 的值为－1。

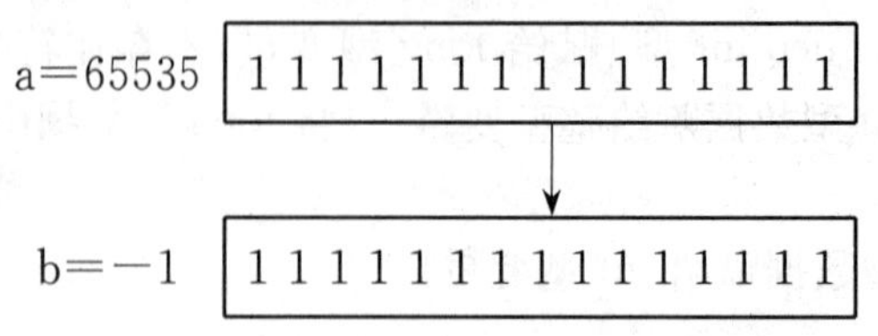

图 3.7　unsigned int 型数据赋给 int 型变量

3. 复合赋值运算符及复合赋值表达式

在简单赋值运算符“＝”之前加上其他双目运算符可构成复合赋值运算符，包括＋＝、－＝、＊＝、/＝、%＝、&＝、|＝、^＝、>>＝、<<＝。

复合赋值运算符可构成复合赋值表达式，其一般形式为：

变量 双目运算符＝表达式

它等效于：

变量＝变量 双目运算符 表达式

例如：

```
a+=5                /* 等价于 a=a+5 */
x *=y+5             /* 等价于 x=x *(y+5) */
p %=5 * q           /* 等价于 p=p %(5 * q) */
```

复合赋值表达式的这种写法，初学者可能不习惯，但它十分有利于编译处理，能提高编译效率并产生质量较高的目标代码。

［例 3.21］　复合赋值表达式的应用。

```
void main()
{
  int a,b,c,d,e;
  a=b=c=d=30;
  e=32;
  printf("a+3=%d \n ", a+=3);
  printf("b-3=%d \n ", b-=3);
  printf("c * 3=%d \n ", c *=3);
  printf("d/3=%d \n ", d/=3);
  printf("e%3=%d \n ", e %=3);
  printf("a=%d, b=%d, c=%d, d=%d, e=%d \n ", a,b,c,d,e);
}
```

运行结果：

```
a+3=33
b-3=27
c * 3=90
```

d/3=10

e%3=2

a=33, b=27, c=90, d=10, e=2

复合赋值表达式一般形式中的表达式，又可以是一个复合赋值表达式。例如复合赋值表达式 a+=a-=a * a。根据复合赋值运算符右结合性，表达式 a+=a-=a * a 等价于 a+=(a-=(a * a))。

[例 3.22]　复合赋值表达式的应用。

```
void main()
{
  int x=2;
  x+=x-=x * x;
  printf("x=%d \n ", x);
}
```

运行结果：

x=-4

程序分析：

x 的初值为 2，语句 x+=x-=x * x;的求解步骤如下：先进行 x-=x * x 运算，它等价于 x-=4，即 x=x-4=2-4=-2；然后再进行 x+=-2 的运算，它等价于 x=x+(-2)=(-2)+(-2)=-4。

3.7.4　逗号运算符和逗号表达式

在 C 语言中，逗号“,”也是一种运算符，称为逗号运算符，其功能是把两个表达式连接起来组成一个表达式，称为逗号表达式，其一般形式为：

表达式 1，表达式 2

其求值过程是，先求表达式 1 的值，再求表达式 2 的值，并以表达式 2 的值作为整个逗号表达式的值。例如，逗号表达式 1+2,3+4 的值为 7。逗号运算符是所有运算符中优先级最低的。

[例 3.23]　逗号表达式的应用。

```
void main()
{
  int a=8,b=2,c=6,x,y;
  y=(x=a+b),(b+c);
  printf("x=%d, y=%d\n ", x,y);
}
```

运行结果：

x=10, y=10

程序分析：

从附录可知，赋值运算符的优先级高于逗号运算符，因此对于表达式 y=(x=a+b),(b+c)，先求解 y=(x=a+b)，经计算和赋值后得到 x 值为 10，y 值为 10，然后求解(b+c)的值为8,整个逗号表达式的值为8。

逗号表达式一般形式中的表达式1和表达式2也可以是逗号表达式。例如,

表达式1,(表达式2,表达式3)

这就形成了嵌套,因此,可以把逗号表达式扩展为以下形式:

表达式1,表达式2,……,表达式n

整个逗号表达式的值等于表达式n的值。

程序中使用逗号表达式通常是要分别求逗号表达式内各个表达式的值,而并不一定要求出整个逗号表达式的值。

需要指出的是,并不是在所有出现逗号的地方都会构成逗号表达式,如在变量说明中、函数参数表中逗号只是各变量之间的间隔符。

[例3.24] 逗号表达式的应用。

```
void main()
{
  int a=1,b=2,c=3;
  printf("%d, %d, %d \n ", a,b,c);
  printf("%d, %d, %d \n ", (a,b,c),b,c);
  a=(c=0,c+5);
  b=c=3,c+8;
  printf("%d, %d, %d \n ", a,b,c);
}
```

运行结果:

```
1, 2, 3
3, 2, 3
5, 3, 3
```

程序分析:

在程序中,第一个printf函数中的“a,b,c”不是逗号表达式,而是printf函数的参数。第二个printf函数中的“(a,b,c)”是逗号表达式,其值是3。对于表达式a=(c=0,c+5),c值为0,逗号表达式(c=0,c+5)的值为5,然后将逗号表达式值5赋值给a。对于表达式“b=c=3,c+8”,先求解赋值表达式“b=c=3”,b的值为3,c的值为3,整个逗号表达式值为11。

习 题 三

一、选择题

1. C语言中基本的数据类型包括:________。

   A. 整型、实型、字符型和逻辑型　　B. 整型、实型、字符型和结构体

   C. 整型、实型、字符型和枚举型　　D. 整型、实型、字符型和指针体

2. 在C语言中,合法的字符常量是:________。

   A. '\084'　　B. '\x48'　　C. 'ab'　　D. "\0"

3. 设 x、y、z 和 k 都是 int 型变量，则执行表达式 x=(y=52,z=26,k=32)后，x 的值为：________。

A. 4　　B. 26　　C. 32　　D. 52

4. 设有如下的变量定义：

```
int i=8, k, a, b;
unsigned long w=5;
double x=1, y=5.2;
```

则以下符合 C 语言语法的表达式是：________。

A. a+=a-=(b=4)*(a=3)　　B. x%(-3)

C. a=a*3=2　　D. y=int(i)

5. 设有如下的变量定义：

```
int k=7,x=12;
```

则能使值为 3 的表达式是：________。

A. x%=(k%=5)　　B. x%=(x-k%5)

C. x%=k+k%5　　D. (x%=k)+(k%=5)

6. 以下程序的输出结果是：________。

```
void main()
{
  int a=12,b=12;
  printf("%d %d",--a,++b);
}
```

A. 10　11　　B. 11　13　　C. 11　10　　D. 11　12

7. 若已定义 x 和 y 为 double 类型，则表达式 x=1,y=x+3/2 的值是：________。

A. 1.0　　B. 1.5　　C. 2.0　　D. 2.5

8. 若变量 a、i 已正确定义，且 i 已正确赋值，合法的语句是：________。

A. a==1　　B. ++i;

C. a=a++=5;　　D. a=int(i);

9. 若有以下程序段：

```
int c1=2,c2=3,c3;
c3=1.0/c2*c1;
```

执行后 c3 的值是：________。

A. 0　　B. 3　　C. 1　　D. 2

10. 有如下程序：

```
main()
{
  int x=3,y=6,z=1;
  printf("%d %d",(++x,y++),z+2);
}
```

运行该程序后的输出结果是：________。

A. 3　4　　　B. 6　3　　　C. 4　3　　　D. 3　3

二、填空题

1. 若有定义“int a=7,b=8,c=9;”,接着顺序执行下列语句后,变量 c 的值是________。

```
c=(a-=(b-5));
c=(a%11)+(b=3);
```

2. 下面程序的输出结果是________。

```
void main()
{
   unsigned a=32769;
   printf("a=%d\n",a);
}
```

3. 若有以下定义:

```
char a;
unsigned int b;
float c;
double d;
```

则表达式 a * b+d-c 值的类型为________。

4. 下面程序的输出结果是________。

```
main()
{
   int x='F';
   printf("%c\n",'a'+(x-'a'+1));
}
```

5. 下面程序的输出结果是________。

```
main()
{
   char x=0xFFFF;
   printf("%d\n",x--);
}
```

三、简答题

1. 将下列各数用十六进制(补码、字长 16 位)表示。

(1) 100　　(2) -100　　(3) -255　　(4) 255

2. 字符常量与字符串常量有什么区别?

3. 求下面算术运算表达式的值。

(1) x+a%3 * (int)(x+y)%2/4,设 x=2.5、a=7、y=4.7

(2) (float)(a+b)/2+(int)x%(int)y,设 a=2、b=3、x=3.5、y=2.5

4. 写出表达式运算后 a 的值,设原来 a=12、n=5,a 和 n 已定义为整型变量。

(1) a+=a

(2) a－＝2

(3) a ＊＝2＋3

(4) a/＝a＋a

(5) a%＝(n%＝2)

(6) a＋＝a－＝a ＊＝a

5. 分析下列程序，写出运行结果。

```
void main()
{
  int x=6,y,z;
  x *=18+1;
  printf("%d\n",x--);
  x+=y=z=11;
  printf("%d\n",x);
  x=y=z;
  printf("%d\n",-x++);
}
```

4 基本输入输出

4.1 C语言的语句

C语言程序由若干语句组成，C语言的语句分为五类，分别是：表达式语句、函数调用语句、控制语句、空语句和复合语句。

1. 表达式语句

表达式是由运算符将操作数连接起来的式子，程序中的运算处理大多通过表达式语句来实现，这里要注意表达式和表达式语句的区别：在表达式后加上一个分号就构成了表达式语句。例如：

a＋2　　　(这是一个算术表达式)

a＋2；　　(这是一个表达式语句)

2. 函数调用语句

在C语言中，函数调用后面加上一个分号就构成了函数调用语句。函数的具体内容将在后续章节中出现。

3. 控制语句

控制语句用于完成一定的控制功能，例如程序的选择控制、循环控制等。

4. 空语句

如果语句只有一个分号，则该语句称为空语句。空语句是什么也不执行的语句，在程序中它可以用来延时，也可以用作空循环体。

例如：

```
for (i=1;i<=100;i++)
    ;
```

该语句让计算机执行100次循环，但什么也不做，耗费CPU时间，起到延时作用。

又如：

```
while (getchar() != '\n')
    ;
```

该例的功能是只要从键盘输入的字符不是回车符则重新输入。

现在可能不理解以上两个例子，在学习过循环控制后应再回来把这两个例题看懂。

5. 复合语句

用一对花括号“{}”将若干语句括起来，则将这些语句称为复合语句。例如：

```
{
    a=2;
    b=3;
    c=a+b;
}
```

复合语句可以看成是一条语句，如果它被执行，则括号中的所有语句都要被执行。

4.2　数据输入输出的概念以及在 C 语言中的实现

把数据从计算机内部送到计算机外部设备的操作称为输出；从计算机外部设备将数据送入计算机内部的操作称为输入。本书中的输入、输出设备主要指的是键盘和显示器。

C 语言中所有数据的输入、输出都是由库函数完成的，因此都是库函数语句。在使用 C 语言库函数时要用预编译命令"#include"将有关头文件包含到源文件中（关于预编译命令将在后续章节中讲述，在此我们先记住 #include 命令）。

4.3　字符数据的输入输出

4.3.1　putchar 函数（字符输出函数）

putchar 是字符输出函数，其作用是在显示器上输出单个字符，一般形式为：

putchar（字符数据）；

例如：

```
putchar('a');          /* 输出字符 a */
putchar(x);            /* 输出字符变量 x 的值 */
```

注意，使用本函数时必须使用文件包含命令：#include "stdio.h" 或 #include <stdio.h>。

[例 4.1]　在显示器上输出字符变量 c 的值。

```
#include <stdio.h>
void main()
{
  char c;
  c='a';
  putchar(c);
}
```

编译运行该程序后，我们会在显示器上看到什么结果呢？是 c 还是 a？答案是 a。因为 c 是一个字符变量，其值为字符"a"，而 putchar 函数的作用是输出括号中的字符数据，该例中字符数据就是变量 c 的值"a"。

对上一程序进行如下修改，请考虑其输出结果。

```
#include <stdio.h>
void main()
{
    char c;
    c='a';
    putchar('c');
}
```

4.3.2 getchar 函数(键盘输入函数)

getchar 函数的功能是从键盘输入一个字符到内存中,一般形式为:

getchar();

通常把输入的字符赋给一个字符变量,构成赋值语句,例如:

```
char c;
c=getchar();
```

这两条语句的功能是从键盘输入一个字符,并将该字符赋给字符变量 c。注意,使用本函数时必须要使用文件包含命令#include "stdio.h" 或#include < stdio.h>。

[例 4.2] 从键盘输入一个小写字符,转为大写后输出。

```
#include <stdio.h>
void main()
{
  char c;
  c=getchar();
  c=c-32;
  putchar(c);
}
```

编译运行该程序后,如果从键盘输入了一个字符"a",则输出为"A"。

4.4 格式输入与输出

4.4.1 printf 函数(格式输出函数)

printf 函数的功能是按用户指定的格式,将指定的数据显示到显示器上。

1. printf 函数调用的一般形式

printf 函数调用的一般形式为:

printf("格式控制字符串",输出列表);

通过上面的一般形式,可以看出 printf 函数有两个参数(用逗号分隔),分别是格式控制字符串(注意该参数必须要用双引号括起来)和输出列表。看下面的例子:

```
#include <stdio.h>
void main()
```

```
    printf("this is a c program");
}
```

看了该例后可能有疑问，在一般形式中 printf 函数应该有两个参数，但该例中只有一个（格式控制字符串），是不是出错了？编译运行该程序发现并未出错，其在显示器上的输出结果为：this is a c program。通过此例可以看出 printf 函数的第二个参数（输出列表）不是必需的，那么到底什么时候该有第二个参数呢？

printf 函数输出时会原样输出格式控制字符串中的非格式字符内容，如格式控制字符串中有格式字符，则用输出列表的相应值代替该格式字符。上面的例子就是原样输出了格式控制字符串，因为其中并没有格式字符，所以也没有输出列表。请阅读下面的程序：

[例 4.3]

```
#include <stdio.h>
void main()
{
    printf("*\n**\n***");
}
```

编译运行该程序后的输出为：

```
*（注意在该例中“\n”为换行转义字符）
**
***
```

该例也属于没有输出列表的情况，原样输出了字符串。看到这里我们已经知道在有格式字符的情况下才要有输出列表，那么什么是格式字符呢？

2. 格式字符

先看下面的例子：编程计算半径为 2.1 圆的面积。

```
#include <stdio.h>
void  main()
{
    float r,s;
    r=2.1;
    s=3.14 * r * r;
}
```

编译运行该程序都没有问题，但是运行后我们无法查看结果（面积是多少?），原因是所求的面积是保存在变量 s 中的，但是程序并没有输出 s 的值，所以无法看到结果。

作如下修改：

```
#include <stdio.h>
void  main()
{
    float r,s;
    r=2.1;
    s=3.14 * r * r;
```

```
  printf("area=s");
}
```

为程序添加了一条输出语句，再次运行该程序发现有输出了，但输出的是“area=s”，而并不是具体的数值，也就是它输出了变量 s 的变量名而不是变量值。原因还是上一小节所说的 printf 函数会原样输出格式控制字符串的非格式字符内容，此例的 printf 函数中的 s 是一个普通字符而非格式字符。那么要输出 s 的值该怎么做呢？

对程序再作如下修改：

```
#include <stdio.h>
void main()
{
  float r,s;
  r=2.1;
  s=3.14 * r * r;
  printf("area=%f",s);
}
```

运行程序后的输出结果是：area=13.847399。此时可以看出上例中的“%f”就是一种格式字符，输出时用输出列表中的相应值代替它（该例的输出列表相应值就是变量 s 的值）。

下面具体介绍格式字符的形式和分类。

格式字符由“%”开始（如上例的“%f”），后跟类型控制符。不同类型的数据输出要使用不同的格式字符。

(1) d 格式符：用来输出十进制整数。

[例 4.4]

```
#include <stdio.h>
void main()
{
  int a=3;
  printf("a=%d",a);
}
```

编译运行程序后输出结果为：

a=3

d 格式符还有以下几种用法：

%md：m 为指定的输出数据的宽度。如果输出数据的位数小于 m，则左端补以空格，如大于 m，则按实际位数输出，如：

```
int a=234,b=23456;
printf("a=%4d,b=%4d",a,b);
```

输出为：a=␣234,b=23456。

%-md：与%md 的作用相似，不同点在于当输出数据的位数小于 m 时，是在右端补空格，同样的，如果数据位数大于 m，则按实际位数输出，如：

```
int a=234,b=23456;
```

```
    printf("a=%-4d,b=%-4d",a,b);
```

输出为：a=234 ␣,b=23456。

%ld：输出长整型数据，如：

```
    long a=138890;
    printf("a=%ld",a);
```

(2) f 格式符：用来输出实数(包括单、双精度)，以小数形式输出。

[例 4.5]

```
#include <stdio.h>
void main()
{
  float a=12.3456789;
  double b=12.345678;
  printf("a=%f,b=%f",a,b);
}
```

运行后输出结果为：a=12.345679,b=12.345678。

f 格式符还有以下几种用法：

%m.nf：指定输出的数据共占 m 列，其中有 n 位小数。如果数值长度小于 m，则左端补空格，注意小数点要占 1 位。

%-m.nf：与上一用法相似，只是当数据长度小于 m 时，在右端补空格。

(3) c 格式符：用来输出一个字符，例如：

```
    char c='a';
    printf("%c",c);
```

输出字符“a”。注意：%c 中的 c 是格式符，逗号右边的 c 是变量名。

所有的格式符如表 4.1 所示。

表 4.1　printf 格式字符

格式字符	说　　明
d	以十进制形式输出带符号整数(正数不输出符号)
o	以八进制形式输出无符号整数(不输出前缀 0)
X,x	以十六进制形式输出无符号整数(不输出前缀 0x)
u	以十进制形式输出无符号整数
f	以小数形式输出单、双精度实数
E,e	以指数形式输出单、双精度实数
G,g	以%f 或%e 中较短的输出宽度输出单、双精度实数
c	输出单个字符
s	输出字符串

4.4.2 scanf 函数（格式输入函数）

scanf 函数称为格式输入函数，即按用户指定的格式从键盘将数据输入到指定的变量之中。

1. scanf 函数的一般形式

scanf 函数的一般形式为：

scanf("格式控制字符串"，地址表列)；

其中，格式控制字符串的作用与 printf 函数的相同，但不能显示非格式字符串，也就是不能显示提示字符串。地址表列中给出各变量的地址。地址是由地址运算符"&"后跟变量名组成的。例如：

&a，&b

分别表示变量 a 和变量 b 的地址。符号"&"的作用是取得变量在内存中的地址，如：

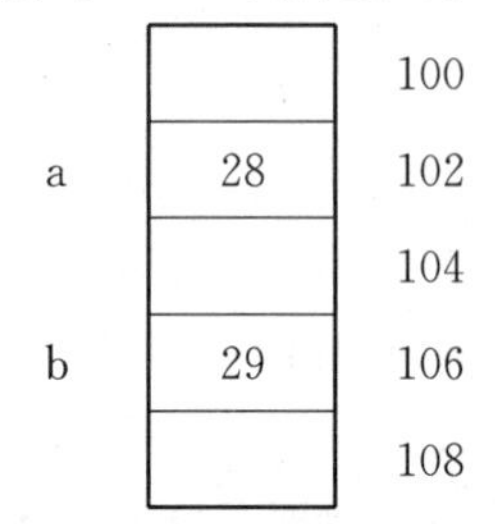

图 4.1　变量 a、b 在内存单元中的地址和值

图 4.1 表示变量 a 所在内存单元的地址为 102，其存放的值为 28，变量 b 所在内存单元的地址为 106，其存放的值为 29。那么 &a 的值是多少呢？不是 28 而是 102。scanf 函数使用取地址运算符"&"的作用就是将从键盘输入的数据存到对应地址的内存单元中。

[例 4.6]　编程实现输入一个圆的半径，输出其面积。

```
#include <stdio.h>
main()
{
    float r,s;
    scanf("%f",&r);
    s=3.14 * r * r;
    printf("r=%3.1f,s=%5.2f",r,s);
}
```

若输入的半径为 3，则输出是：r=3.0，s=28.26。

2. 使用 scanf 函数时应注意的问题

(1) 如果在格式控制字符串中除了格式字符外还有其他字符，则在输入数据时在对应的位置输入这些字符，如通过下列语句将 x 赋值为 3：

```
int x;
scanf("x=%d",&x);
```

应该输入 x=3，而不是直接输入 3。

(2) 在用“%c”格式输入字符时，空格作为有效字符输入。如：

```
char a,b,c;
scanf("%c%c%c",&a,&b,&c);
```

若输入 m ⊔ n ⊔ k 后回车，则 m 赋给 a，第一个空格赋给 b，n 赋给 c。如想 a、b、c 得到的值为 m、n、k，则应输入 mnk 后回车。

习 题 四

一、选择题

1. 若有以下程序段，执行后的输出结果是________

```
int   x=3;
float   y=3.14;
printf("x=%d,y=%f",x,y);
```

A. 3,3.14　　B. x=3 y=3.140000
C. x=3,y=3.140000　　D. 3 3.14

2. 定义了语句“int x,y;”，若要通过“scanf("%d,%d",&x,&y);”语句使变量 x 得到数值 11，变量 y 得到数值 12，下面四组输入形式中正确的是________

A. 11　12＜回车＞　　B. 11,12＜回车＞
C. 1112＜回车＞　　D. 11＜回车＞12＜回车＞

3. 执行下列程序段后，输出结果是________

```
float x=3.14159;
printf("%f,%5.2f,%-5.2f",x,x,x);
```

A. 3.141590,3.14 ⊔, ⊔ 3.14　　B. 3.14159,3.14159,3.14159
C. 3.141590, ⊔ 3.14,3.14 ⊔　　D. 3.14159,3.14,3.14

4. 以下程序段的输出结果是________

```
char   c='a';
int   a=65;
printf("%c,%d,%d,%c",c,a,c,a);
```

A. a,65,97,A　　B. a,65,65,a
C. 65,a,A,97　　D. 65,a,a,65

5. 设定义“long x=-123456L;”，则以下能够正确输出变量 x 值的语句是________

A. printf("x=%d\n",x);
B. printf("x=%ld\n",x);
C. printf("x=%8dL\n",x);
D. printf("x=%LD\n",x);

6. 执行语句“printf("⊔⊔#\n⊔###\n#####");”后输出的图形是________

A.
```
#
###
#####
```

B.
```
    #
  ###
#####
```

C. #　###　#####　　D. 　#
###
#####

二、填空题

1. 定义“int x,y;”,若要为 x,y 赋值,完整的输入语句是 scanf("%d,%d",________);
2. 下列程序的输出结果是________

```
#include <stdio.h>
main()
{
  int x=9;
  float y=9.5;
  printf("%3d,%4.2f",x,y);
}
```

3. 下列程序的输出结果是________

```
#include <stdio.h>
main()
{
  int a=97;
  float b=356.678;
  printf("%x,%e",a,b);
}
```

4. 下列程序的输出结果是________

```
#include <stdio.h>
main()
{
  char c='a';
  char b;
  b=c+5;
  printf("%c",b);
}
```

三、编程题

1. 使用 getchar 函数输入一个字符,通过 putchar 函数输出该字符后的第三个字符(如,输入 a,则输出 d)。
2. 输入圆柱体的高和底面半径,输出该圆柱体的体积。

5　选择结构程序设计

所谓选择结构，就是使程序在执行过程中根据判断条件的结果不同，而执行不同操作的一种程序结构。它也是三种基本的程序结构之一。通过使用选择结构，可以改变程序执行的顺序，编写出更具灵活性的C语言程序。

本章中我们首先学习实现选择结构的一些基础知识（关系运算符和逻辑运算符及其表达式），然后学习实现选择结构的两类控制语句（if语句和switch语句）。

5.1　关系运算符和关系表达式

要在不同操作间进行选择，首先要对条件进行判断。在程序设计中，这些判断往往涉及数据的比较，如a是否大于b，或者i是否等于0等。关系运算用于实现两个数据的比较，并得出结果，因此也称为比较运算符。

在C语言中，共有6个关系运算符：＞、＞＝、＜、＜＝、＝＝和！＝。关系运算的规则和数学中的比较运算相似。这6个关系运算符的含义及它们的优先级见表5.1。

关系表达式是用关系运算符将比较对象连接而成的表达式。这里的比较对象可以是常量、变量，也可以是一个表达式，如6＜7、120％10！＝0和a＞＝b＋4。关系表达式的值只有两种可能，即真或假。若条件成立，结果为真，否则为假。在C语言中运算结果为真用1表示，为假用0表示。上面三个例子中6＜7成立，表达式的值为1；120％10！＝0不成立，表达式值为0。

表5.1　关系运算符

关系运算符	含义	优先级
＞	大于	6
＞＝	大于等于	6
＜	小于	6
＜＝	小于等于	6
＝＝	等于	7
！＝	不等于	7

说明：

（1）这6个关系运算符都是双目运算符，并且结合性均为自左向右。

（2）关系表达式也可能出现嵌套的情况，即在一个关系表达式中又包含其他的关系表达式，这种情况下要注意运算的次序。

例如，假设a＝5，b＝4，c＝3，则C语言中表达式a＞b＞c，要先计算a＞b的值为1，再计算 1＞c，故其结果为 0。

(3) 关系运算符的优先级分为两组，即＞、＞＝、＜、＜＝高于＝＝和！＝。

如：

2＜1＜3　　　　相当于(2＜1)＜3　　　　结果为 1

1！＝3＞ 2　　　相当于 1！＝(3＞ 2)　　　结果为 0

(4) 关系运算符的优先级低于算术运算符，高于赋值运算符，如 a＝7＞2＋5，相当于 a＝(7＞(2＋5))，结果为 0。

(5) 在 C 语言程序中，可以用关系运算符加以比较的数据类型有：整型、实型和字符型。比较字符型数据时，按其 ASCII 码进行比较，如 a＞b 的结果为假。

(6) 不能用关系运算符比较两个字符串常量的大小。字符串比较的方法将在后面的章节中学习。

5.2　逻辑运算符和逻辑表达式

有时选择一组操作执行的前提并不是简单地满足一个条件，而是要同时对多个条件进行判断，并根据其结果的组合来进行选择。如，同时满足多个条件，才能执行一组操作，或是只要满足几个条件中的一个就可以执行这组操作。这些条件的组合通过逻辑运算符来实现。C 语言提供了三种逻辑运算符，即 &&(与)、||(或)、！(非)，其优先级和结合性如表 5.2 所示。

表 5.2　逻辑运算符

逻辑运算符	含义	优先级	结合性
&&	与运算	11	自左向右
||	或运算	12	自左向右
！	非(取反)运算	2	自右向左

以变量 a，b 取不同的值为例，逻辑运算符的运算规则如表 5.3 所示。

表 5.3　逻辑运算符的运算规则

a	b	a&&b	a||b	！a
0	0	0	0	1
0	1	0	1	1
1	0	0	1	0
1	1	1	1	0

逻辑表达式是用逻辑运算符将比较对象连接而成的表达式。这里比较的对象可以是常量、变量，也可以是一个表达式。例如 1&&0、0||5、！a 和 a＞＝b&&c！＝0。逻辑表达式的值为真或假，用 1 或 0 来表示。

说明：

(1) ！是一个单目运算符，而 && 和||都是双目运算符，如！a、0||1。

(2) 在 C 语言程序中，在判断一个参与运算的量为真或为假时，以 0 为假，而所有非 0 的数都为真。

例如，由于 1 和 5 均为非 0，因此 1&&5 的值为 1，而 5||0 的值为 1。

(3) 这三个逻辑运算符的优先级不同，当多种运算符同时出现时，优先级顺序从高到低为：

!（非）算术运算符 → 关系运算符 → &&（与）→ ||（或）→ 赋值运算符

例如：a<b && c<d　　　等价于 (a<b)&&(c<d)

! a==b||c<d　　　等价于 ((! a)==b)||(c<d)

a+b>c&&x+y<b　　　等价于 ((a+b)>c)&&((x+y)<b)

(4) 逻辑表达式中的表达式可以又是逻辑表达式，从而组成了嵌套的情形。

例如：　　(a&&b)&&c

根据逻辑运算符的左结合性，上式也可写为：

　　a&&b&&c

(5) 在使用多个 && 和||连接的逻辑表达式中，并不是每一个表达式都一定被执行。其规则是：只有当必须执行该表达式才能得出整个逻辑表达式的结果时，才去执行它。换言之，一旦某个逻辑表达式执行到可以得出确定值的部分，那么剩下的表达式就不会再被执行。

例如：(a=1)&&(b=0)

要得出这个表达式的值，先求 a=1 的值，为 1，这时还不能判断整个表达式的值，必须再执行 b=0，这个表达式的值为 0，所以由 1&&0 得到 0。

再如：(a=0)||(b=5)

在这个表达式中，同样必须执行两个赋值表达式才能得出结果 1。

但如果将上面两个例子换成

　　(b=0)&&(a=1)和(b=5)||(a=0)

那么情况就完全不同，都只要执行第一个赋值表达式就可以得出整个表达式的结果。所以第一个表达式中的 a=1 和第二个表达式中的 a=0 都不会被执行。

[例 5.1]　根据下面所给出的判定条件写出关系或逻辑表达式。

(1) 年龄在 18 岁至 50 岁之间

　(age>=18) && (age <=50)

或

　age>=18 && age <=50

这两种写法中建议使用第一种，因为它能使程序更易读，更清晰。

(2) 整数 i 是偶数且不能被 7 整除

　(i % 2==0) && (i % 7 ! =0)

(3) 字符变量 ch 的值是一个英文字母

　(ch>='a' &&ch<='z')||(ch>='A' && ch <='Z')

5.3 if 语句

用if语句可以构成分支结构。它根据给定的条件进行判断,根据判断结果决定执行给出的几个语句组中的某一组。C语言的if语句有三种基本形式,if语句、if－else语句和if－else if语句。

5.3.1 最基本的if语句

最基本的if语句的一般形式为:

if(表达式)

  语句;

执行过程:如果表达式的值为真,则执行其后的语句,否则不执行该语句,跳到下一条语句执行,其过程可表示为图5.1。

注意,构成判断条件的表达式写在括号中。第一行的结尾没有分号,因为这一行和下一行实际上是联系在一起的。所以第二行代码也可以紧跟在第一行之后,形式如下:

if(表达式) 语句;

这两种写法中提倡第一种,因为它能使程序看起来更为清晰。

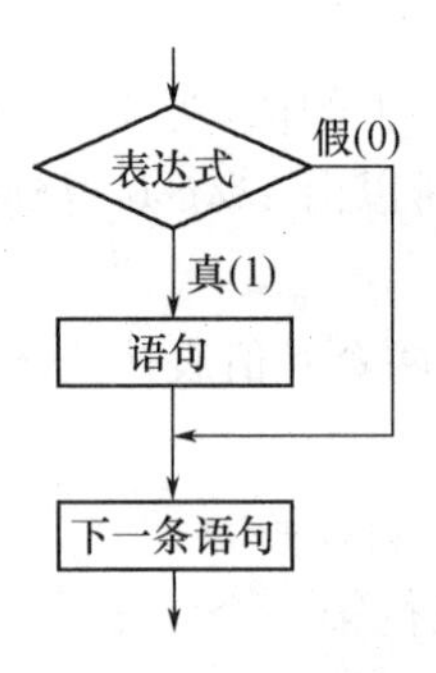

图5.1 基本的if语句执行过程

说明:

(1) if后面括号中的表达式可以是各种类型的表达式,如关系表达式、逻辑表达式、算术表达式、赋值表达式或混合类型的表达式。

例如:

```
if(a>b && b>c)
if(! n)
if(x=5)
if(i % 5==0)
```

但这些表达式的值只可能是真(非0)或假(0)。如上面第三个例子,括号中赋值表达式x=5的值为非0,即真。

(2) 若满足表达式后要执行多条语句,必须将这组语句用花括号括起来。

例如:

```
if(a>b)
```

```
  {
    t=a;
    a=b;
    b=t;
  }
```

[例 5.2]　输入一个数,并求其绝对值。

```
void main()
{
  int x;
  printf ("\n please input a number: ");
  scanf (" %d ", & x);
  if (x<0)
    x=-x;
  printf (" %d ", x);
}
```

运行结果:

please input a number:-7↙

7

程序说明:求一个数的绝对值,只需对负数进行处理,所以只要判断该数是否小于 0,若是,则用 x=-x 将其符号取反。

[例 5.3]　求 a,b,c 三个数中的最大值,并输出结果。

```
void main()
{
  float a, b, c, max;
  printf (" \n please input 3 numbers:");
  scanf (" %f, %f, %f ", &a, &b, &c);
  max=a;
  if (b>max)
    max=b;
  if (c>max)
    max=c;
  printf (" max=%f ", max);
}
```

运行结果:

please input 3 numbers:12, 34, 9↙

max=34.00

程序说明:求三个数的最大值,可先假设第一个数为最大值,然后用剩下的数逐个与之比较,若比当前的最大值还要大,则用这个数替换最大值;否则,继续比较下一个数。

5.3.2　if—else 结构

if—else 语句是更为常用的 if 语句。它用于实现双分支结构,即当需要在两组语句中选择一组去执行时,常用 if—else 语句去实现。其一般形式为:

```
if(表达式)
    语句 1;
else
    语句 2;
```

其语义是:如果表达式的值为真,则执行语句 1,否则执行语句 2。注意到这里是一种二选一的情况,即无论表达式的值是真还是假,在语句 1 和语句 2 中,总有一组要被执行。其执行过程可表示为图 5.2。

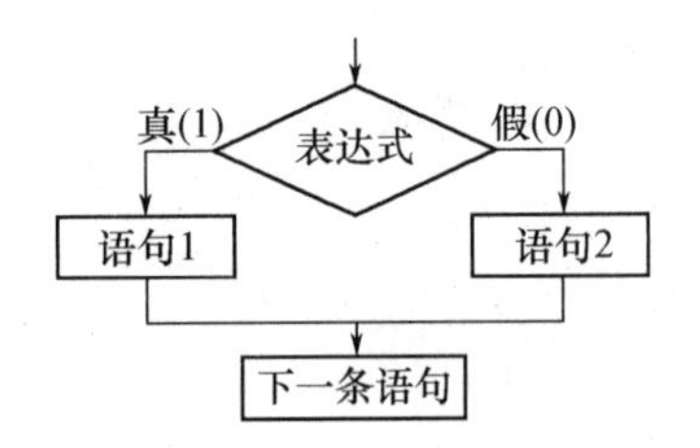

5.2　if-else 结构的执行过程

说明:

(1) else 语句是 if—else 结构的组成部分,但不能单独使用,必须与 if 配对。

(2) 语句 1 和语句 2 可以是单条语句,也可以是多条语句。如果是多条语句,则必须包含在一对花括号"{}"中,成为一个复合语句。

[例 5.4]　输入一个英文字母,将大写字母变成小写字母,小写字母变成大写字母,并输出。

```
void main()
{
  char ch;
  printf("please input a character: ");
  scanf(" %c ",&ch);
  if(ch>='a' && ch <='z')
    {ch-=32;
      printf("\n %c ",ch);
    }
  else
    {
      ch+=32;
      printf("\n %c ",ch);
    }
}
```

运行结果：

```
please input a character:A↙
a
please input a character: d↙
D
```

程序说明：大小写字母互换，先判断该字母为大写字母还是小写字母，若为大写，则将其ASCII码加32变为小写字母，否则，将其ASCII码减32变为大写字母。

5.3.3 条件运算符和条件表达式

条件运算符是一种用于检验数据的运算符，它根据逻辑表达式的值是真还是假，决定执行两个表达式其中的一个。所以上面所学的if－else结构，在所要执行的语句都是单个语句时，常可以使用条件表达式来实现。这样不但使程序简洁，也提高了运行效率。

条件运算符为“?”和“:”，用于连接3个操作数，所以它是一个三目运算符。它的结合方向是自右向左。

由条件运算符连接的条件表达式的一般形式为：

表达式1? 表达式2: 表达式3

其求值规则为：如果表达式1的值为真，则以表达式2的值作为条件表达式的值，否则以表达式3的值作为整个条件表达式的值。

例如：

```
if(a>b)
  max=a;
else
  max=b;
```

可用条件表达式写为：

```
(a>b)? (max=a):(max=b);
```

或

```
max=(a>b)? a:b;
```

执行该语句的语义是：如果a>b为真，则把a的值赋予max，否则把b的值赋予max。

说明：

(1) 条件运算符“?”和“:”是一对运算符，不能分开单独使用，即在C语言中没有单独的“?”运算符和“:”运算符。考虑结合性时，也应将“?”和“:”看作一个整体。如当出现两个条件运算符嵌套时：

```
a>b? a:b>c? b:c
```

等价于

```
a>b? a:(b>c? b:c)
```

(2) 条件运算符的运算优先级低于关系运算符和算术运算符，但高于赋值运算符。

因此，

```
max=(a>b)? a:b
```

可以去掉括号而写为：

max=a>b? a:b

［例5.5］ 求a,b,c三个数的最大值,并输出结果。用条件运算符实现。

```
void main()
{
   float a, b, c, max;
   printf (" \n please input 3 numbers:");
   scanf (" %f, %f, %f ", &a, &b, &c);
   max=(a>b)? a: b;
   max=(c>max)? c: max;
   printf (" max=%f ", max);
}
```

运行结果:

please input 3 numbers:12, 34, 9↙

max=34.00

程序说明:此例是针对例5.3用条件运算符进行改写的。

5.3.4 if-else if 结构

在程序设计中,多选一的问题也经常出现,称之为多分支结构。如判断某天为星期几。当有多个分支选择时,可采用if-else if语句,其一般形式为:

```
if(表达式1)
     语句1;
else if(表达式2)
     语句2;
else if(表达式3)
     语句3;
     ……
else if(表达式m)
     语句m;
else
     语句n;
```

其语义是:首先判断表达式1的值,若表达式1为假,则执行下面的第一个else if语句,即判断表达式2的值,若表达式2也为假,则转到下一个else if,判断表达式3的值,依此类推,直到遇到第一个结果为真的表达式为止,此时则执行该表达式所对应的语句。然后跳到整个if语句之外,执行下一条语句。如果所有的表达式均为假,则执行语句n,然后结束该if结构,执行下一条语句。

if-else if语句的执行过程如图5.3所示。

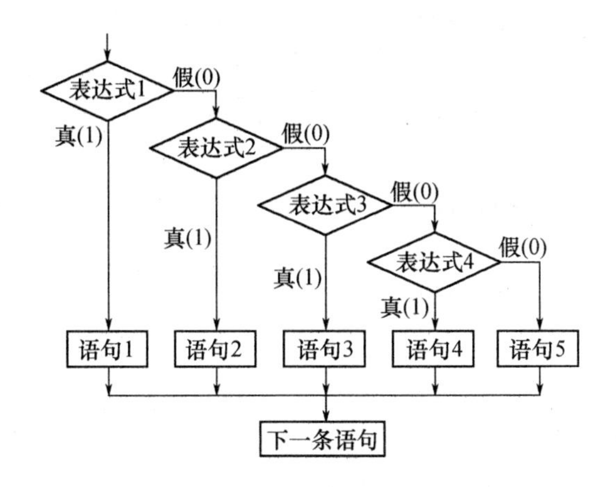

图 5.3　if-else if 结构的执行过程

说明：

最后一个 else 和语句 n 并不是必须的。如果是这种情况，且所有的 if 条件都不满足，则什么也不做，跳出该 if 结构去执行下一条语句。这种情况也相当于在 else 后面写一个空语句，如：

```
if(x>0) y=1;
else if(x<0) y=-1;
else y=0;
```

可以改写为：

```
y=0;
if(x>0) y=1;
else if(x<0) y=-1;
```

或

```
y=0;
if(x>0)y=1;
else if(x<0) y=-1;
else;
```

[例 5.6]　输入一个字符，判断它属于控制字符、数字、大写字母、小写字母还是其他字符。

```
#include <stdio.h>
void main()
{
  char c;
  printf("please input a character\n:");
  c=getchar();
  if(c<32)
    printf("This is a control character. \n");
  else if(c>='0'&&c<='9')
```

```
        printf("This is a digit. \n");
    else if(c>='A' &&c<='Z')
        printf("This is a uppercase letter. \n");
    else if(c>='a' &&c<='z')
        printf("This is a lowercase letter. \n");
    else
        printf("This is an other character. \n");
}
```

运行结果：

please input a character：8↙

This is a digit.

please input a character：#↙

This is an other character.

程序说明：

由 ASCII 码表可知，ASCII 值小于 32 的为控制字符。在 0 和 9 之间的为数字，在 A 和 Z 之间为大写字母，在 a 和 z 之间为小写字母，其余则为其他字符。

5.3.5 if 语句的嵌套

实现多分支结构的第二种方法是使用 if 语句的嵌套。当 if 语句中的执行语句又包含一个 if 语句时，则构成了 if 语句嵌套的情形。其一般形式可表示如下：

在 if 的执行语句中包含另一个 if 结构：

```
if(表达式 1)
    if(表达式 2)语句 1;
    else 语句 2;
else 语句 3;
```

或在 else 的执行语句中包含另一个 if 结构：

```
if(表达式 1) 语句 1;
else
    if(表达式 2)语句 2;
    else 语句 3;
```

说明：

(1) 在嵌套内的 if 语句中也可以嵌套 if 结构，即出现多重嵌套的情况。

(2) 在多个 if 和 else 出现的嵌套结构中，要注意 if 和 else 的配对问题。

C 语言规定，else 总是与它前面最近的没有匹配过的 if 配对。

例如：

```
if(x! =0)
    if(x>0)
      y=1;
    else
```

```
    y=-1;
```

其中的else应与if(x>0)中的if配对，即 x! =0为真，且 x>0为假，即隐含条件为x<0。

[例5.7]　用嵌套的if语句实现比较a,b两数的大小，并输出比较结果。

```
void main()
{
  int a,b;
  printf("please input A,B: ");
  scanf("%d,%d",&a,&b);
  if(a! =b)
    if(a>b)   printf("A>B\n");
    else   printf("A<B\n");
  else printf("A=B\n");
}
```

程序说明：本例中实际上有三种选择，即A>B、A<B和A=B。也可以用if—else if语句完成，而且程序更加清晰。因此，在一般情况下较少使用if语句的嵌套结构，以使程序更便于阅读和理解。

5.4　switch语句

第三种可以用于实现多分支选择结构的C语句是switch语句。使用switch语句，可以根据表达式的结果，在多组语句中选择执行，其一般形式为：

```
switch(表达式)
{
  case 常量表达式 1: 语句 1;break;
  case 常量表达式 2: 语句 2; break;
  ……
  case 常量表达式 n: 语句 n; break;
  default: 语句 n+1;
}
```

其语义是：首先计算表达式的值，并逐个与case后的常量表达式值相比较，当该表达式的值与某个常量表达式的值相等时，即执行这个case后的语句。然后跳出switch结构，去执行下一条语句。

如果表达式的值与所有case后的常量表达式均不相同，则执行default后所跟的语句。

说明：

(1) 关键字switch后括号中的表达式的值必须为整型或字符型，同时每个case后所跟的也必须是值为整型或字符型的常量表达式。下面例子是错误的：

```
float x=3.5;
switch(x)
```

```
{
  case 1.0：……
  case 2.0：……
  case 3.5：……
    ……
}
```

(2) 每个case后的常量表达式的值不能相同，即不能出现同时可选择多个case的情况。如下面例子是错误的：

```
switch(x)
{
  ……
  case 1+2：……
  case 3：……
  ……
}
```

(3) 多个case可以关联到同一个执行语句上，即共用一个执行语句。如：

```
switch(x%10)
{
  case 1：
  case 2：
  case 3：printf("10<=x< 40")； break;
  ……
}
```

(4) default是缺省情况，default也不是switch结构所必需的，当缺省情况下什么都不做时，可以将其省略。

(5) 各个case和default的出现顺序并不影响执行结果。

(6) break语句并不是switch中必需的部分。在一般形式下，每个case的语句后都有一个break语句，是为了让程序执行完某个case后的语句后即跳出switch结构，而不再去判断和执行其他的case。去掉break的switch结构的特点将在例5.8中通过比较说明。

[例5.8]　输入一个1到7之间的整数，并将其转换为英文的星期几输出。

```
void main()
{
  int a;
  printf("input a integer number：");
  scanf("%d",&a);
  switch (a)
  {
    case 1:printf("Monday\n");break;
    case 2:printf("Tuesday\n"); break;
```

```
    case 3:printf("Wednesday\n");break;
    case 4:printf("Thursday\n");break;
    case 5:printf("Friday\n");break;
    case 6:printf("Saturday\n");break;
    case 7:printf("Sunday\n");break;
    default:printf("input error\n");
  }
}
```

执行结果：

```
input a integer number:5↙
Friday
```

若去掉该程序中所有的 break，即将程序改为

```
main()
{
  int a;
  printf("input a integer number: ");
  scanf("%d",&a);
  switch (a)
  {
    case 1:printf("Monday\n");
    case 2:printf("Tuesday\n");
    case 3:printf("Wednesday\n");
    case 4:printf("Thursday\n");
    case 5:printf("Friday\n");
    case 6:printf("Saturday\n");
    case 7:printf("Sunday\n");
    default:printf("input error\n");
  }
}
```

程序的语法完全正确，但是运行结果将发生变化：

假设仍输入 5

程序输出为：

```
Friday
Saturday
Sunday
```

即若没有 break 语句，在找到第一个符合条件的 case 之后，除了将执行这个 case 后所跟的那条语句之外，还将不加判断地继续执行这个 switch 结构中剩下的所有 case 后所跟的执行语句。

习 题 五

1. 编程判断输入的正整数是否既是 5 又是 7 的整数倍。若是，则输出 yes，否则输出 no。
2. 编程实现：输入整数 a 和 b，若 a^2+b^2 大于 100，则输出 a^2+b^2 百位以上的数字（如千位），否则输出个位数和百位数之和。
3. 根据所输入的三条边长的值，判断它们是否能构成三角形，若能构成，则再判断是等边三角形、等腰三角形（不包括三条边相等的特例）还是一般三角形。
4. 编程实现如下分段函数的值（假设 x 和 y 均为实型数，且 x 的值由键盘输入）。

$$y\begin{cases}-1 & (x<0)\\ y=0 & (x=0)\\ 1 & (x>0)\end{cases}$$

5. 输入三个整数，要求按从小到大的顺序输出。
6. 用 switch 语句编一程序，对于给定的一个百分制成绩，输出相应的五分制成绩。90 分以上为“A”，80～89 分为“B”，70～79 分为“C”，60～69 分为“D”，60 分以下为“E”。
7. 给出一个不多于五位的正整数，要求：① 求出它是几位数；② 分别打印出每一位的数字；③ 按逆序打印出各位数字，例如原数为 321，应输出 123。除此之外，程序还应当对不合法的输入作必要的处理。例如：① 输入负数；② 输入的数超过五位（如 123456）。
8. 编写程序，根据所输入的年份和月份，计算该月有多少天（题目需要考虑闰年和平年的情况）。
9. 编写程序，袋中有红、黄、绿、蓝色的球共 17 个，其中这 4 色球的个数分别为 2、5、3、7 个，现从袋中随意拿出一个球，求取到各种颜色球的概率。

6 循环结构程序设计

6.1 简介

C 语言是结构化程序设计语言，而循环结构是结构化程序设计的基本结构之一。实际上，在许多现实问题中循环结构都必不可少。比如求数列之和（或数列之积）、大批量地输入输出（或特殊处理）等。其特点是：在给定条件成立时，反复执行某程序段，直到条件不成立为止。给定的条件称为循环条件，反复执行的程序段称为循环体。C 语言提供了多种循环语句，可以组成各种不同形式的循环结构。

6.2 while 语句

while 语句由四个部分组成：循环变量初始化，循环条件，循环体，改变循环变量的值。

while 语句的语义是：计算循环条件表达式的值，当值为真（非 0）时，执行循环体语句。其执行过程可用图 6.1 表示。

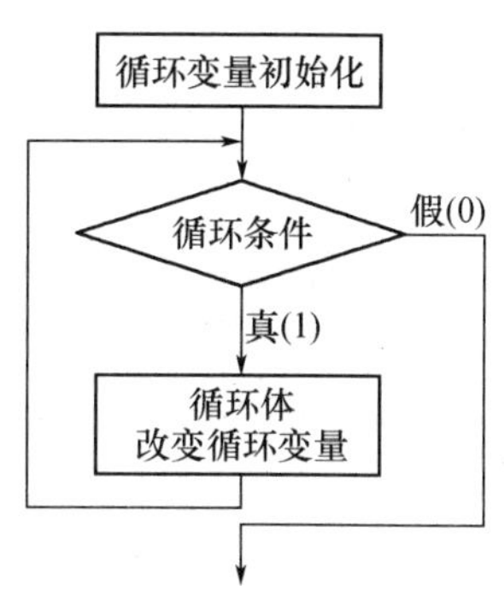

图 6.1　while 循环结构

while 语句的一般形式为：

　　while(表达式) 语句；

例如，下面的代码就是一个 while 循环。

```
sum=0;
i=1;                    /* 循环变量初始化 */
while(i<=100)           /* 循环条件 */
    {                   /* 循环体 */
    sum=sum+i;
    i++;                /* 改变循环变量的值 */
    }
```

此例是计算 sum=1+2+3+…+99+100 的代码片段。初始化是对循环变量 i 而言。在开始循环前给控制变量赋初值是必要的，循环条件(i<=100)决定循环体要执行多少次。通常在循环条件中，总是包括循环变量。循环体包括在执行循环时将要做的操作。

例 6.1 中的循环条件是一个表达式。当表达式为真时，执行循环体中的语句，否则跳出循环，执行循环体后面的语句。

［例 6.1］ 下面的代码是用 while 循环求 1+2+3+…+99+100 的完整的程序。

```
void main()
{
int i=1,sum=0;              /*初始化*/
while(i<=100)
{
   sum=sum+i;
   i=i+1;
}
printf("The sum is: %d", sum);
}
```

运行结果为：The sum is: 5050

如果循环体包含一个以上的语句，应该用花括号括起来，以语句块的形式出现。如果不加花括号，则 while 语句的作用范围为 while 后面第一条语句。例如：上例中的循环体可以写成“sum+=i++;”一条语句，所以循环体可以省略花括号。

```
while(i<=100)
   sum+=i++;
printf("The sum is: %d", sum);
```

循环体中应该有使整个循环趋向结束的语句。上例中，i 的初值为 1，循环结束的条件为不满足 i<=100，随着每次循环都改变 i 的值，使得 i 的值越来越大，直到 i>100 为止。如果没有循环体中的“i=i+1”，则 i 的值始终不改变，循环就永远不会停止。

6.3　do-while 语句

do—while 语句的一般形式为：

```
do
循环体
while(条件表达式);
```

当程序执行流程到达 do 后，立即执行循环体语句，然后再对条件表达式进行判断。若条件表达式的值为真(非 0)，则重复循环，否则退出。

该循环结构使循环体至少执行一次。

［例 6.2］ 要从键盘输入中得到一个范围为 1～10 的数，下面是利用 do—while 写出的完整的程序。

```
void main()
```

```
{
  int num;
  do
  {
    printf("Enter a number between 1 and 10: \n");
    scanf("%d",&num);
    if(num<1||num>10)
    printf("This number is not between 1 and 10.\n");
  }while(num<1||num>10);
  printf("You entered a %d",num);
}
```

运行结果为：

```
Enter a number between 1 and 10:↙
12
This number is not between 1 and 10.
Enter a number between 1 and 10:↙
6
You entered a 6
```

该程序读入一个 1～10 之间的数，满足条件后就越过循环，输出读入的数值。do－while 循环结构见图 6.2。

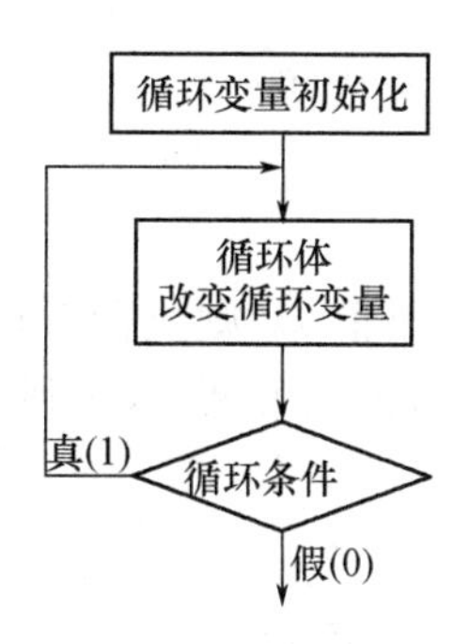

图 6.2　do－while 循环结构

do－while 循环至少执行一次，因为直到程序到达循环体的尾部遇到 while 时，才知道循环条件是什么。如果循环条件仍然成立，程序再回转到 do－while 循环的顶部，继续循环。

在上例的循环体中，if 语句的条件和 while 的循环条件相同，只是巧合，并非必需。

循环体中，循环变量的值不断变化很重要。例 6.2 中，如果 num 的值恒定不变，则循环条件也永不改变，导致死循环。

do－while 循环同样需要循环变量初始化。此外，因为 do－while 循环在循环体的底部进行循环条件的判定，所以它至少将执行一次循环体。而 while 语句在循环的顶部进行判断，有可能一次都不执行循环体。

do—while在许多场合都可以做while能做的事,比如上节中求 $sum=\sum_{n=1}^{100}n$。

[例6.3] 用do—while写出的完整程序。

```
void main()
{
    int i, sum=0;
    i=1;
    do
    {
      sum=sum+i;
      i=i+1;
    }while(i<=100);
    printf("The sum is %d", sum);
}
```

运行结果为:

The sum is 5050

6.4 for语句

在C语言中,for语句是使用最为灵活的循环语句,它完全可以取代while语句。它的一般形式为:

for(表达式1;表达式2;表达式3) 语句;

它的执行过程如下:

(1) 先求解表达式1。

(2) 求解表达式2,若其值为真(即非0),则执行for语句中指定的内嵌语句,然后执行下面的第(3)步;若其值为假(即为0),则结束循环,转到第(5)步。

(3) 求解表达式3。

(4) 转回上面的第(2)步继续执行。

(5) 循环结束,执行for语句后面的语句。

其执行过程可用图6.3表示。

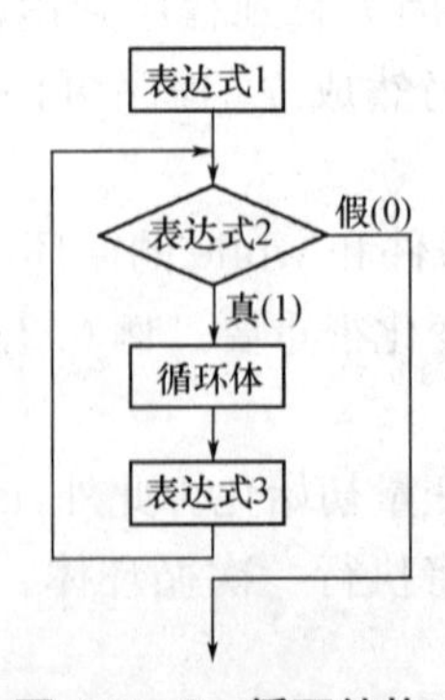

图6.3 for循环结构

C语言中的for语句相对while和do－while来说，更为灵活，它不仅可以用于循环次数已经确定的情况，而且可以用于循环次数不确定而只给出循环结束条件的情况。

例如，for循环对于前两节中的求和来说，形式更简单：

```
for(i=1;i<=100;i++) sum+=i;
```

正如上例这段代码，for语句最简单的应用形式也是最容易理解的形式如下：

for(循环变量赋初值;循环条件;改变循环变量) 语句

循环变量赋初值是一个赋值表达式，它用来给循环变量赋初值；循环条件是一个关系表达式或逻辑表达式，它决定什么时候退出循环；改变循环变量是指每循环一次后循环变量按什么方式变化(这种变化要能使循环渐渐趋于结束)。这三部分之间用分号分开。

在上面这段代码中，先给i赋初值，判断i是否小于等于100，若符合条件，则执行语句，之后i值增加1，然后再重新判断循环条件，如此反复循环，直到条件为假，即i>100时，整个循环结束。

如果将for语句的一般形式用while语句来表示，则为如下形式：

```
表达式1;
while(表达式2)
{
    循环体;
    表达式3;
}
```

所以for语句将while或do－while中循环体所用的循环控制放在循环顶部统一表达，显得更加直观。除此之外，for语句还充分表现了其灵活性。

(1) 表达式1可以省略。此时应在for语句之前给循环变量赋初值。若省略表达式1，其后的分号不能省略。

例如求和运算：

```
i=1;
for(;i<=100;i++)          /* 分号不能省略 */
  sum+=i;
```

执行时，跳过求解表达式1这一步，其他不变。由于循环体由一条语句构成，所以花括号可以省略。

(2) 表达式2可以省略。即不判断循环条件，循环无终止地进行下去，也就是认为表达式2始终为真。这时候，需要在循环体中有跳出循环的控制语句。

例如求和运算：

```
  for(i=1;;i++)          /* 分号不能省略 */
  {
    sum+=i;
    if(i>=100) break;
  }
```

等价于：

```
  for(i=1; 1; i++)          /* 表达式2为真(值为1) */
```

```
{
    sum+=i;
    if(i>=100)     break;
}
```

此处 break 表示退出循环，详见 6.8.1 节。

（3）表达式 3 可以省略。但此时程序员应另外设法让循环变量递进变化，以保证循环能正常结束。

例如求和运算：

```
for(i=1;i<=100;)          /* 分号不能省略 */
  sum+=i++;               /* 求和同时改变循环变量 */
```

在循环体中，必须自己对循环变量进行修改(i++)，其效果与在表达式 3 上设置是一样的。

（4）表达式 1 和表达式 3 可同时省略。

例如下面的代码同样能完成求和运算：

```
for(;i<=100;)     sum+=i++;
```

（5）三个表达式都可以省略。即不设初值，不判断条件（认为表达式 2 为真），循环变量不增值，无休止执行循环体。

例如求和运算：

```
for(;;)
{
    sum+=i++;
    if(i>100)     break;
}
```

（6）表达式 1，表达式 2，表达式 3 都可以为任何类型的表达式。

例如求和运算中可设置 sum 的初值：

```
for(sum=0;i<=100;i++)
    sum+=i;
```

例如表达式 1 为逗号表达式：

```
for(sum=0,i=1;i<=100;i++)
    sum+=i;
```

例如表达式 1 和表达式 3 都为逗号表达式：

```
for(i=0,j=100,k=0;i<=j; i++,j--)
    k+=i * j;
```

例如表达式 2 和表达式 3 可以作为赋值或算术表达式的情况下，下面两个语句都可以完成同样的求和运算：

```
for(i=1;i<=100;sum+=i++);   /* 循环体语句为空语句 */
for(i=1;sum+=i++,i<=100;);  /* 表达式 3 省略，循环体语句为空语句 */
```

注意，在了解以上各种编程方法的同时，不要忘了程序的可读性。

for 循环使得所有的循环细节都可在语句中描述，使得程序既精炼，且可读性强。

[例6.4]　用for语句求 $sum=\sum_{n=1}^{100}n$。

```
void main()
{
  int sn=0,i;
  for(i=1;i<=100;i++)
    sn+=i;           /* 1+2+…+100 */
  printf("%d\n",sn);
}
```

6.5　goto语句

goto语句将控制程序从它所在的地方跳转到标识符所标识的语句处。例如，用goto语句求从1加到100的和：

```
i=1;sum=0;
loop:
sum+=i++;
if(i<=100)
    goto loop;
printf("The sum is: %d", sum);
```

语句标号用标识符表示，它的命名规则与变量名相同。

用goto语句实现的循环完全可以用while或for循环来表示。现代程序设计方法主张限制使用goto语句，因为滥用goto语句将使程序流程无规则、可读性差。goto语句只在一个地方有使用价值：当要从多重循环深处直接跳到所有循环之外时，如果用break，将要用多次，而且可读性不好，此时goto语句可以发挥作用。

6.6　循环的嵌套

一个循环体内包含另一个完整的循环结构，称作循环的嵌套。内嵌的循环还可以嵌套循环，这就是多层循环。三种循环(while循环，do-while循环和for循环)可以相互嵌套。

[例6.5]　for循环的多层循环。

```
#include  <stdio.h>
void main()
{
  int i, j, k; printf("i j k\n");
  for (i=0; i<2; i++)
    for(j=0; j<2; j++)
      for(k=0; k<2; k++)
        printf("%d %d %d\n", i, j, k);
}
```

6.7　循环语句的比较

(1) 四种循环都可以用来处理同一个问题，一般情况下它们可以互相替换使用。但一般不提倡用 goto 循环语句。

(2) while 和 do－while 循环，只在 while 后面指定循环条件，在循环体中应包含使循环趋于结束的语句(如 i＋＋或 i＝i＋1 等)。

for 循环可以在表达式 3 中包含使循环趋于结束的操作，甚至可以将循环体中的操作全部放到表达式 3 中。因此 for 语句的功能更强，凡用 while 循环能完成的，用 for 循环都能实现。

(3) 用 while 和 do－while 循环时，循环变量初始化的操作应在 while 和 do－while 语句之前完成。而 for 语句可以在表达式 1 中实现循环变量的初始化。

(4) while 循环、do－while 循环和 for 循环可以用 break 语句跳出循环，用 continue 语句结束本次循环(break 语句与 continue 语句见 6.8 节)。而用 goto 语句和 if 语句构成的循环，不能用 break 和 continue 语句进行控制。

6.8　循环控制语句

6.8.1　break 语句

break 语句通常用在循环语句和 switch 语句中。break 在 switch 中的用法在前面的章节中已经进行了介绍，本章不再举例说明。当 break 语句用于 while、do－while 和 for 循环语句中时，可使程序终止循环而执行循环后面的语句，通常 break 语句总是与 if 语句联合使用，即满足条件时便跳出循环。

[例 6.6]　下面的程序是对 break 的一个应用。

```
#include  <stdio.h>
void main()
{
  int i=0;
  char c;
  while(1)                /* 设置循环 */
  {
    c='\0';               /* 变量赋初值 */
    while(c!=13&&c!=27)/* 键盘接收字符直到按回车键或 Esc 键 */
    {
      c=getch();
      printf("%c\n", c);
    }
    if(c==27)
```

```
        break;              /* 判断若按 Esc 键则退出循环 */
        i++;
        printf("The No. is %d\n", i);
      }
    printf("The end");
  }
```

需要注意的是：

(1) break 语句对 if-else 条件语句不起作用。

(2) 在多层循环中，一个 break 只能向外跳一层，即只能结束其所在层的循环。

6.8.2　continue 语句

continue 语句的作用是跳过本次循环的循环体中剩余的语句而强行开始执行下一次循环。continue 语句只用在 while、do-while 和 for 等循环体中，常与 if 条件语句一起使用，用来加速循环或者是跳过循环中的某些特殊情况。

continue 语句和 break 语句的区别是：continue 语句只结束本次循环，而不是终止整个循环的执行。而 break 语句则是结束整个循环过程，不再判断执行循环的条件是否成立。

[例 6.7]　将 100～200 之间不能被 3 整除的数输出。

```
#include <stdio.h>
void main()
{
int n;
for(n=100;n<=200;n++)
    {
      if(n%3==0) continue;
      printf("%d", n);
    }
}
```

当 n 能被 3 整除时，执行 continue 语句，结束本次循环(即跳过 printf 函数语句)，只有 n 不能被 3 整除时才执行 printf 函数。

6.9　程序应用

[例 6.8]　用公式“$\frac{\pi}{4}\approx 1-\frac{1}{3}+\frac{1}{5}-\frac{1}{7}+\cdots$”求 π 的近似值，直到最后一项的值不大于 10^{-8} 为止。

分析：

(1) π 的表示用 double 型，因为 float 型的有效位数是 7 位，而该问题中的最小项的精度要求达到小数点后 8 位。

(2) 根据公式，先求 $\frac{\pi}{4}$，再求 π。

(3) 分析数列的通项：数列的第 1 项是 1，第 2 项是 $-\frac{1}{3}$，第 n 项是 $(-1)^{n-1}/(2*n-1)$。第 n 项与第 n－1 项的关系为“符号变反，分母加 2”。

根据前后项的关系，可以设计一个循环，每次循环将原项分母加 2，符号变更一下，以求得新项。最初的分母变量(类型为 long)的值是 1。最初的符号变量值是＋1。

根据该算法，添上头文件，定义相应的变量，实现 while 循环，最后根据 $\frac{\pi}{4}$，得到 π 的值。下面是完整的程序：

```
#include  <stdio.h>
#include  <math.h>
void main()
{
  double s=0,x=1;               /* 初始值 */
  long k=1;
  int sign=1;
  while(fabs(x)>1e-8)           /* 每项值在比较前要先求绝对值 */
  {
    s+=x;
    k+=2;
    sign *=-1;
    x=sign/(double)(k);         /* 强制类型转换,使 x 得到浮点数值 */
  }
  s *=4;                        /* π 值 */
  printf("The PI is:%10.8f", s);
}
```

运行结果为：

The PI is:3.14159263

[例 6.9]　给定一个整数 m，判断其是否为素数。

分析：m 是素数的条件是不能被 2，3，…，m－1 中的任何一个数整除。根据这一条件，可通过一个循环判断该数是否为素数。

```
#include<stdio.h>
void main()
{
  long m,int i;
  printf("Enter a number: \n");
  scanf("%ld",&m);
  for(i=2;i<m;i++)           /* 找 m 的因数 */
    if(m%i==0) break;
  if(m==i)          /* 判断 m 是否能被小于 m 的数整除 */
```

```
    printf("%ld is prime. \n",m);
  else
    printf("%ld is not prime. \n",m);
  }
```

在程序的输出部分，判断是否 m==i，原因在于 for 循环有两种退出的情况：一种是不满足 i<m 的循环条件而正常退出，此时 i 正好等于 m；另一种是发现 m 能整除 i 时的退出 (break 语句起作用)，此时 i 小于 m。所以，判断 for 循环结束时 m 与 i 是否相等，就能知道 m 是否为素数。

该程序直接反映了数学定义。但是，当给定的 m 很大时，运算量也很大，能否进一步改进算法，使运算量有大幅度减少呢？答案是肯定的。

假定 m 不是素数，则可表示为 $m=i*j, i<=j, i<=\sqrt{m}, j>=\sqrt{m}$。也就是说，如果 m 不是素数，一定能找到一个整数 i 能整除 m，即 m%i 为 0。于是，循环可以在 $2\sim\sqrt{m}$ 内进行。

改进后的算法可以写成如下形式：

```
#include  <stdio.h>
#include  <math.h>
void main()
{
long m;int i;double sqrtm;
printf("Enter a number: \n");
scanf("%ld",&m);
sqrtm=sqrt(m);
for(i=2;i<=sqrtm;i++)
  if(m%i==0) break;
if(sqrtm<i)
  printf("%ld is prime. \n",m);
else
  printf("%ld is not prime. \n",m);
}
```

程序中，求 m 的平方根特地放在 for 循环外面来做，本可以直接写成：

```
for(i=2;i<=sqrt(m);i++)
```

但如果这样，每循环一次都要求一次平方根。为了明显提高循环的效率，在可读性不受影响的前提下，可以适当对程序进行优化。

[例 6.10]　13 世纪的意大利数学家 Leonardo Fibonacci(斐波那契)于 1202 年撰写了《珠算原理》(Liber Abaci)一书，书中提到著名的"兔子问题"。在问题中他假设如果一对兔子每月能生一对小兔(一雄一雌)，而每对小兔在它出生后的第三个月，又能开始生小兔，如果没有死亡，由一对刚出生的小兔开始，每月会有多少对兔子？

此问题即为著名的斐波那契数列问题，每个月的兔子总对数对应着相应数列中的一项，这个数列有如下的特点：第 1 和第 2 这两个数为 1、1，从第 3 个数开始，每个数都是其前面两个数之和。即：

F1＝1　　(n＝1)

F2＝1　　(n＝2)

F(n)＝F(n－1)＋F(n－2) (n>＝3)

分析：这个数列如果用最直接的思考方法，最简单的方式就是要求这个数列的前 n 项，就定义 n 个变量(或者是长度为 n 的数组)，每一个变量对应数列中的一个数。但当 n 的值增大时，定义变量的工作将变得不可行。此时我们需要考虑将算法进行一定程度的优化。对于这个问题，我们可以发现，如果定义两个变量 f1、f2，当使用完它们的值之后，实际上这两个变量便不再起作用。f3、f4 的值便可以存储在这两个变量里，后面的 f5、f6、…、f(n－1)、f(n)的值都能以此循环类推，可以用 f1、f2 这两个变量进行存储。下面是具体代码(假设问题为求数列的前 20 项)：

```
#include <stdio.h>
void main()
{
  long f1=1,f2=1;                     /*用 long 避免数值越界*/
  int n;
    for(n=1;n<=20;n++)
    {
    printf("%12ld,%12ld",f1,f2);    /*输出格式与 long 相符*/
    if(n%2==0) printf("\n");        /*每行输出 4 个值*/
    f1=f1+f2;
    f2=f2+f1;                       /*用 f1、f2 交替存储数列中的数*/
    }
}
```

习 题 六

1. 计算级数：$-1+x-\frac{x^2}{2!}+\frac{x^3}{3!}-\cdots+(-1)^{n+1}*\frac{x^n}{n!}$，要求精度为 10^{-8}。并分别用 while、do－while 和 for 循环语句编写完整的程序。
2. 编程求 1！＋2！＋3！＋…＋15！。
3. 输入 6 个学生的 5 门课程的成绩，分别求出每个学生的平均成绩。
4. 任意输入一个小于 32768 的正整数 s，从 s 的个位数开始输出每一位的数字，每个数字之间用逗号作为分隔符。
5. 用 50 元买苹果、西瓜和梨共 100 个，3 种水果都要有。已知苹果 0.4 元一个，西瓜 4 元一个，梨 0.2 元一个。编程求有几种购买方案。
6. 编程求数列 $\frac{2}{1},\frac{3}{2},\frac{5}{3},\frac{8}{5},\frac{13}{8},\frac{21}{13},\cdots$ 前 20 项之和。
7. 输入两个正整数 m 和 n，求其最大公约数和最小公倍数。

8. 编程计算一个多位数的各位数字之和，例如：2155 的各位数字之和是 2＋1＋5＋5＝13。

9. 输入一行字符，分别统计出其中英文字母、空格以及数字的个数。

10. 你是否想过计算你所在的街道房子的号码总和是多少？编写一个程序，通过 scanf 函数输入一个大于 1 的整数，然后通过 for 循环计算 1 到这个数字的所有整数之和。

7 数　组

数组是程序中最常用的结构数据类型，数组可以用相同名字引用一系列变量，并用下标来识别它们。在许多场合，使用数组可以缩短并简化程序。数组的每个元素和下标相关联，可根据下标指示数组的元素。数组有上界和下界，数组元素在上下界内是连续存放的。由于C语言对每个数组元素都会分配相应的存储空间，所以不要不切实际地声明一个太大的数组。

7.1 一维数组

7.1.1 一维数组的定义

具有一个下标的数组称为一维数组。在C语言中，使用数组必须先进行类型说明，即数组也要遵循“先定义，后使用”的原则。定义一维数组的语法格式为：

数据类型　数组名[常量表达式]；

其中，“数据类型”可以是任意一种基本数据类型，也可以是已经声明过的某种构造数据类型(这部分内容将在以后的章节中涉及)；“数组名”是用户自定义的标识符，用来表示数组的名称；“常量表达式”的值必须是整型数据，用于表示数组的长度，即数组所包含元素的个数；“[]”是下标运算符，具有最高的运算优先级，结合方向为从左向右。

例如，下面定义了三个不同类型的数组：

```
int score[10];
/*定义了一个整型数组score,用来存放10个学生的成绩*/
float height[20];
/*定义了一个单精度数组height,用来存放20个人的身高*/
double income[5];
/*定义了一个双精度数组income,用来存放5个人的收入*/
```

对于数组类型，有以下几点说明：

(1) 在编译阶段，计算机根据数组的类型说明来确定其存储空间的大小，即一维数组占用字节数＝数组长度×sizeof(数据类型)。如上面定义的score数组占用的字节数为10×2。

(2) 数组的类型实际上是指数组元素的取值类型。对于同一个数组，其所有元素的数据类型都是相同的。如score数组中每个元素都是int型的。

(3) 数组名的书写规则应符合标识符的书写规定。

(4) 数组名不能与其他变量名相同。

(5) 方括号中常量表达式表示数组元素的个数，其下标从0开始计算。如num[5]表示数组 num 有五个元素，分别为 num[0]、num[1]、num[2]、num[3]和 num[4]。

(6) 不能在方括号中用变量来表示元素的个数，但可以是符号常量或常量表达式。例如：

```
#include <stdio.h>
#define SIZE 5
void main ()
{   int sum[3+2], sub[SIZE];
  ……
}
```

是合法的。但是下述说明方式是错误的：

```
#include <stdio.h>
void main ()
{   int n=5;
    int add[n];
  ……
}
```

(7) 允许在同一个类型说明中，说明多个数组和多个变量。例如：

```
int max, min, score[10], avg[20];
```

7.1.2 一维数组的初始化

定义数组后，它所占用的存储单元中的值是不确定的。引用数组元素之前，必须保证数组的元素已经被赋予确定的值。给数组赋值的方法很多，除了用赋值语句对数组元素逐个赋值外，还可采用初始化赋值和键盘输入的方法。

数组初始化赋值是指在定义数组时给数组元素赋予初值。数组初始化是在编译阶段进行的，这样做可以减少运行时间，提高效率。

数组初始化赋值的一般形式如下：

数据类型 数组名[常量表达式]={值，值，…，值}；

其中，花括号中的各数据值即为各元素的初值，各值之间用逗号间隔。例如，int num[5]={0, 1, 2, 3, 4};，num 数组在内存中的存放如下：

数组元素	num[0]	num[1]	num[2]	num[3]	num[4]
初值	0	1	2	3	4

C 语言对数组的初始赋值还需要注意以下几点规定：

(1) 可以只给部分元素赋初值。当花括号中值的个数少于元素个数时，表示只给前面部分元素赋值，后面的元素自动赋 0 值。例如：int num[5]={0, 1, 2};表示只给 num[0]～num[2]共三个元素赋值，而后两个元素自动赋 0 值。

(2) 只能给元素逐个赋值，不能给数组整体赋值。例如给 5 个元素全部赋 1 值，只能写为 int num[5]={1, 1, 1, 1, 1};而不能写成 int num[5]=1;或 int num[5]={1};。

(3) 如给所有元素赋值，则在数组说明中可以省略数组元素的个数。例如：int num[5]

={0, 1, 2, 3, 4};等价于 int num[]={0, 1, 2, 3, 4};。

(4) 键盘输入可以在程序执行过程中对数组作动态赋值,这时可用循环语句配合 scanf 函数逐个对数组元素赋值。

[例 7.1]　从键盘输入 10 个数字,并求出其中的最大值、最小值和平均值。

```
#include <stdio.h>
void main ()
{int i, max, min, avg=0, num[10];
  printf ("input 10 numbers:\n");
  for (i=0; i<=9; i++)
    scanf ("%d", &num[i]);          /* 依次给各元素赋值 */
  max=min=num[0];                   /* max 和 min 得到初始值 */
  for (i=0; i<=9; i++)
  {      if (num[i]> max)
           max=num[i];              /* 当前元素比 max 大,则赋给 max */
         if (num[i] < min)
           min=num[i];              /* 当前元素比 min 小,则赋给 min */
         avg+=num[i];               /* avg 暂时存放总和 */
  }
  avg/=10;                          /* 求得平均值 */
  printf ("max num=%d, min num=%d, avg value=%d\n", max, min, avg);
}
```

本例中利用了一个技巧,即把 num[0]赋给 max 和 min,如果给 max 和 min 赋予其他值,而该值恰巧不存在于数组元素中,则达不到求最大、最小值的目的。当然也可以把 num 数组中任意一个元素值赋给 max 和 min。for 循环中两条 if 语句不可能同时成立,循环结束后自然得到最大、最小值。

程序运行结果:

```
input 10 numbers:
1 5 6 7 3 9 4 8 0 2↙
max num=9, min num=0, avg value=4
```

7.1.3　一维数组举例

[例 7.2]　Fibonacci 数列。在第 6 章中已提到该数列,在此使用数组来解决,求得一年各月中兔子的总数。

```
#include <stdio.h>
#define MONTH 12
void main ()
{      int fib[MONTH+1]={0, 1, 1};
       /* fib[0]不用,fib[1]和 fib[2]的初值都为 1 */
       int i;
```

```
        for (i=3; i<=MONTH; i++)
          fib[i]=fib[i-1]+fib[i-2];  /* 第三个数等于前面两数之和 */
        printf ("Fibonacci sequence: \n");
        for (i=1; i<=MONTH; i++)
        {
          printf ("%d\t", fib[i]);
          if (i%4==0) printf ("\n");  /* 一行输出4个结果 */
        }
}
```

程序运行结果：

```
Fibonacci sequence:
1       1       2       3
5       8       13      21
34      55      89      144
```

［例7.3］　逆序存放问题。将五个整数存放到一维数组中，再将这5个数按逆序存放在同一数组中并输出。

假设输入的五个整数1、2、3、4、5存放到一维数组inv[5]的五个元素inv[0]～inv[4]中，按逆序存放后inv[0]～inv[4]中存放的是5、4、3、2、1。所以，只需将inv[0]与inv[4]对调，将inv[1]与inv[3]对调。若数组中有n个数字呢？可以推导得出共需交换n/2次。

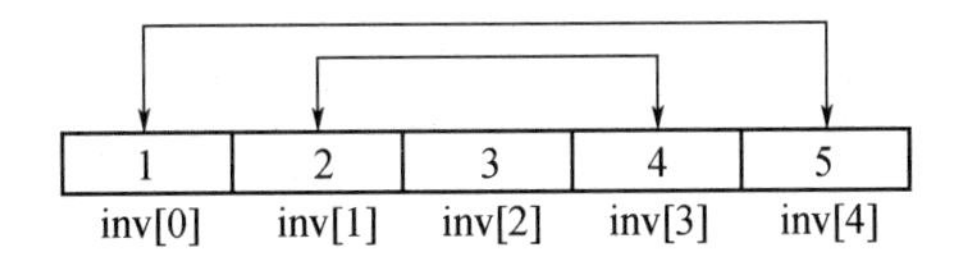

图7.1　数据逆序存放

```
#include <stdio.h>
#define N 5
void main ()
{   int i, temp, inv[5];
    printf ("Input 5 numbers:\n");
    for (i=0; i<=N-1; i++)
      scanf ("%d", &inv[i]);        /*获取初值*/
    for (i=0; i<=N/2-1; i++)    /*交换头、尾数值*/
      {temp=inv[i];
        inv[i]=inv[N-1-i];
        inv[N-1-i]=temp;
      }
    printf ("The inverted numbers:\n");
    for (i=0; i<=N-1; i++)
      printf ("%d\t", inv[i]);
}
```

[例 7.4]　冒泡法排序。使用冒泡法对输入的 n 个数由小到大进行排序并输出。

最简单的排序方法是冒泡排序(Bubble Sort)方法，又称为气泡法、起泡法。这种方法的基本思想是，将待排序的元素看作是竖着排列的“气泡”，较小的元素比较“轻”，从而要往上“浮”。在本算法中对这个“气泡”序列处理若干遍。所谓一遍处理，就是自顶向下检查一遍这个序列。如果发现两个相邻元素的顺序不对，即“轻”的元素在下面，就交换它们的位置。显然，处理一遍之后，“最重”的元素就沉到了最低位置；处理两遍之后，“次重”的元素就沉到了次低位置。在作第二遍处理时，由于最低位置上的元素已是“最重”元素，所以不必再检查。

假设输入的五个整数分别是 9、7、3、4、1，则经过第一遍处理后，数字 9 便“下沉”到最低点，而 1 则“上升”了，共比较了 4 次；在第二遍处理中需要比较 3 次……对于 n 个元素，总共需要处理 n－1 遍。

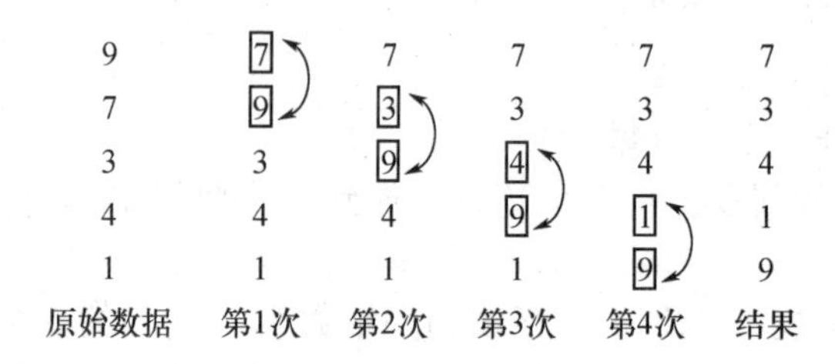

图 7.2　第一遍处理

```
#include <stdio. h>
#define N 5
void main ()
{    int i, j, temp, bubble[5];
     printf ("Input 5 numbers:\n");
     for (i=0; i<=N-1; i++)
       scanf ("%d", &bubble[i]);
     for (j=1; j<=N-1; j++)  /* 外循环控制循环次数 n-1 */
       for (i=0; i<=N-j-1; i++)
       /* 内循环控制当前处理的比较次数 n-j */
     if (bubble[i]> bubble[i+1])
       { temp=bubble[i];
         bubble[i]=bubble[i+1];
         bubble[i+1]=temp;
       }
  printf ("The sorted numbers: \n");
  for (i=0; i<=N-1; i++)
     printf ("%d\t", bubble[i]);
}
```

程序运行结果：

Input 5 numbers：

9 7 3 4 1↙

The sorted numbers：

1 3 4 7 9

7.2 二维数组

一维数组只有一个下标，而实际问题中有很多量是二维的甚至多维的，因此C语言允许构造多维数组。多维数组元素有多个下标，以标识它在数组中的位置。本节只介绍二维数组，多维数组可由二维数组类推而得到。

7.2.1 二维数组的定义

定义二维数组的语法格式为：

数据类型 数组名[常量表达式1][常量表达式2]；

其中"常量表达式1"表示第一维下标(行标)的长度，"常量表达式2"表示第二维下标(列标)的长度。二维数组占用字节数=行标×列标×sizeof(数据类型)。例如：int array[3][4]；说明了一个3行4列的数组，数组名为array，其元素值的类型为整型，该数组共有3×4个元素，占用24个字节，各个数组元素下标如下所示：

array[0][0] array[0][1] array[0][2] array[0][3]

array[1][0] array[1][1] array[1][2] array[1][3]

array[2][0] array[2][1] array[2][2] array[2][3]

二维数组在概念上是二维的，即其下标在两个方向变化，元素在数组中的位置也处于一个平面之中，而不是像一维数组只是一个方向，但其内存却是按一维线性排列的。如何在一维存储器中存放二维数组？有两种方式：一种是按行存储，即元素放完一行之后顺次放入下一行，C语言的二维数组正是按行排列的；另一种是按列存储，即放完一列之后再顺次放入下一列，例如FORTRAN语言。

7.2.2 二维数组的初始化

二维数组的初始化也是在类型说明时给各元素赋以初值。二维数组可按行分段赋值，也可按行连续赋值。例如对数组array[3][4]：

(1) 按行分段赋值可以写为：

int array[3][4]={{85，74，92，65}，{71，59，85，90}，{76，63，70，77}}；

(2) 按行连续赋值可写为：

int array[3][4]={85，74，92，65，71，59，85，90，76，63，70，77}；

这两种赋初值的结果是完全相同的。

建议读者使用按行分段赋值，这样书写程序清晰明了，不易出错。

对于二维数组初始化赋值还需要注意以下几点规定：

(1) 可以只对部分元素赋初值，未赋初值的元素自动取0值。

例如：int array[3][4]={{1, 2}, {3}, {4, 5, 6}}，赋值后的各元素值为1,2,0,3,0,0,4,5,6。

(2) 如对全部元素赋初值，则第一维的长度可以不给出。

例如：int array[3][4]={0, 1, 2, 3, 4, 5, 6, 7, 8, 9, 10, 11}，等价于int array[][4]={0, 1, 2, 3, 4, 5, 6, 7, 8, 9, 10, 11}。

7.2.3　二维数组举例

[例7.5]　编写程序，求出一个3×4的矩阵中最大元素的值及其所在行、列的位置。

```
#include <stdio.h>
#define M 3
#define N 4
void main ()
{    int i, j, max, row, column;
     int array[M][N];
     row=column=0;
     printf ("input values: \n");
     for (i=0; i<M; i++)
       for (j=0; j<N; j++)
         scanf ("%d", &array[i][j]);
     max=array[0][0];                /* 初始化max的值 */
     for (i=0; i<M; i++)
       for (j=0; j<N; j++)
         if (max < array[i][j])      /* 若max比当前元素小 */
           {  max=array[i][j];       /* 修改max的值 */
              row=i;                 /* 记录行标 */
              column=j;              /* 记录列标 */
           }
     printf ("max=%d, row=%d, column=%d\n", max, row, column);
}
```

程序运行结果：

```
input values:
65 34 57 83↙
12 43 19 16↙
34 98 29 67↙
max=98, row=2, column=1
```

[例7.6]　某学习小组有四位同学，期终考试每人有四门课程的考试成绩。请求出各位同学的总分和平均成绩。

SNO	Math	English	Physics	C	Sum	Avg
1	97	86	92	85		
2	89	91	90	82		
3	86	77	75	82		
4	80	87	72	69		

可设一个二维数组 stu[5][6]存放小组同学的各门课程成绩，其中最后两列用来存放每个人的总分和平均成绩(为符合日常习惯，行标和列标都从 1 开始计数)。编程如下：

```
#include <stdio.h>
#define SNO 4               /* 设学号从 1 开始 */
#define COURSE 4            /* 四门课程考试成绩 */
#define SUM 5               /* 总分位于第 6 列 */
#define AVG 6               /* 平均成绩位于第 7 列 */
void main ()
{   int i, j, sum, avg;
    int stu[SNO+1][AVG+1];
    printf ("input scores: \n");
    printf ("Math\t English\t Physics\t C\t Sum\t Avg\n");
    for (i=1; i<=SNO; i++)
      for (j=1; j<=COURSE; j++)
        scanf ("%d", &stu[i][j]);
    for (i=1; i<=SNO; i++)
      {stu[i][SUM]=0;         /* 将第 i 个学生的总分初值设置为 0 */
        stu[i][AVG]=0;        /* 将第 i 个学生的平均成绩初值设置为 0 */
        for (j=1; j<=COURSE; j++)
         stu[i][SUM]=stu[i][SUM]+stu[i][j];
            /* 计算第 i 个学生的总分 */
        stu[i][AVG]=stu[i][SUM]/COURSE;
            /* 计算第 i 个学生的平均成绩 */
        }
    printf ("SNO\t Math\t English\t Physics\t C\t Sum\t Avg\n");
    for (i=1; i<=SNO; i++)
      {printf ("%d\t ", i);
        for (j=1; j<=AVG; j++)
          printf ("%d\t ", stu[i][j]);
        printf ("\n");
      }
}
```

程序运行结果：

```
input scores:
Math   English   Physics   C
97       86        92      85↙
89       91        90      82↙
86       77        75      82↙
80       87        72      69↙
SNO   Math   English   Physics   C    Sum    Avg
1      97      86        92      85   360     90
2      89      91        90      82   352     88
3      86      77        75      82   320     80
4      80      87        72      69   308     77
```

7.3 字符数组和字符串

7.3.1 字符数组的定义

在C语言中没有专门的变量来存放字符串常量，而是用一个数组来存放，这种数组称为字符数组。字符数组类型说明的形式与前面介绍的数值数组相同。

7.3.2 字符数组的初始化

字符数组可以在类型说明时作初始化逐个赋值，切记要分别给每个字符常量加上一对单引号，例如：

```
char str[8]={'H','e','l','l','o','','C','!'};
```

赋值后各元素的值如图 7.3 所示。当对全体元素赋初值时也可以省去长度说明。例如：

```
char str[]={'H','e','l','l','o','','C','!'};
```

这时C数组的长度自动定为8。

str[0]	str[1]	str[2]	str[3]	str[4]	str[5]	str[6]	str[7]
H	e	l	l	o		C	!

图 7.3　字符数组 str

如果初值个数少于字符数组的长度，则系统自动给剩余的元素设置为空字符（“\0”）。例如：

```
char string[8]={'H','e','l','l','o'};
```

在内存中的存放形式如图 7.4 所示。

string[0]	string[1]	string[2]	string[3]	string[4]	string[5]	string[6]	string[7]
H	e	l	l	o	\0	\0	\0

图 7.4　字符数组 string

在前面介绍字符串常量时，已说明字符串总是以“\0”作为结束符。因此当把一个字符串常量存入一个数组时，也把结束符“\0”存入数组，并以此作为该字符串是否结束的标志。有了“\0”标志，就不必再用字符数组的长度来判断字符串的长度了，“\0”也称字符串结束标志符。

C语言还允许使用字符串的方式对数组作初始化赋值。例如：

```
char str1[]={'H','e','l','l','o','','C','!'};
```

可写为：

```
char str2[]={"Hello C!"};
```

还可以写为：

```
char str3[]="Hello C!";
```

需要注意的是，用字符串方式赋值比用字符逐个赋值要多占一个字节，用于存放字符串结束标志“\0”，即数组 str1 的长度是 8，而数组 str2 和数组 str3 的长度都是 9。

数组 str2 和数组 str3 中的“\0”是由C语言编译系统自动加上的。由于采用了“\0”标志，所以在用字符串赋初值时一般无需指定数组的长度，而由系统自行处理。在采用字符串方式后，字符数组的输入输出将变得简单方便。

除了上述用字符串赋初值的办法外，还可用 printf 函数和 scanf 函数一次性输入输出一个字符数组中的字符串，而不必使用循环语句逐个地输入输出每个字符。

[例 7.7]　由键盘输入一串字符串并输出。

```
#include <stdio.h>
void main ()
{    char string[100];
     printf ("Input a string, length<100:\n");
     scanf ("%s", string);
     printf ("The string is \" %s \" \n", string);
}
```

程序运行结果：

```
Input a string, length<100:
HelloWorld! ↙
The string is "HelloWorld! "
```

本例有几点值得注意：

(1) 在 scanf 和 printf 函数中，使用的格式字符串为“%s”，表示输入和输出的是一个字符串，在 scanf 函数的输入表列和 printf 函数的输出表列中给出数组名“string”即可，切不可写为：scanf ("%s", &string)或 printf ("%s", string[])等形式。

在前面介绍过，scanf 函数的各输入项必须以地址方式出现，如 &num，但在本例中却是以数组名方式出现的，为什么呢？这是由于C语言规定，数组名就代表了该数组的首地址。整个数组存放在以首地址开头的一段连续的内存单元中。如有字符数组 char string[100]，假设在内存中从地址为 2000 的空间开始存放，也就是说 string[0]的单元地址为 2000，string[1]的单元地址为 2001，依此类推。数组名 string 就代表这个首地址 2000。因此在 string 前面不能再加地址运算符 &。故写作 scanf ("%s", &string)是错误的。在执行函数 printf ("%s", string);时,按数组名 string 找到该数组首地址,然后逐个输出数组中各个字符直到遇到字符串结束标志符"\0"为止。有关"地址"的概念将在第 10 章中详解。

(2) 本例中定义字符数组 string 的大小为 100,在输入字符串时,字符串长度必须小于 100,以留出一个字节用于存放字符串结束标志符"\0"。应该说明的是,对一个字符数组,如果不作初始化赋值,则必须说明数组长度。

(3) 当使用 scanf 函数输入字符串时,字符串中不能含有空格,否则将以空格作为串的结束符,即 scanf 函数遇回车或空格就结束本次输入。例如再次运行本例,输入时稍作改动,将得到不同的结果。

程序再次运行结果:

```
Input a string, length<100:
Hello World! ↙
The string is "Hello"
```

(4) printf 函数中的" \"" 是转义字符,表示输出一个双引号。

7.3.3 字符串常用函数

C语言提供了丰富的字符串处理函数,使用这些函数可大大减轻编程的负担。使用输入输出字符串函数,在使用前应包含头文件"stdio. h";而使用其他字符串函数则应包含头文件"string. h"。下面介绍几个最有用也常用的字符串函数。

1. 字符串输出函数 puts

格式:puts (字符数组名)

功能:把字符数组中的字符串输出到标准输出设备(显示器)。

[例 7.8] 字符串输出。

```c
#include <stdio.h>
void main ()
{   char string[]="Nice weather! ";
    puts(string);
    puts("Isn't it? ");
}
```

程序运行结果:

```
Nice weather!
Isn't it?
```

从程序中可以看出,puts 函数的参数可以是字符数组名,也可以是字符串常量。与 printf 函数不同,puts 函数显示字符串时自动在其后添加一个换行符,故输出显示有两行。puts 函数完全可以由 printf 函数取代,当需要按一定格式输出时,则通常使用 printf 函数。

2. 字符串输入函数 gets

格式:gets (字符数组名)

功能:从标准输入设备(键盘)获得一个字符串。

［例 7.9］　字符串输入。

```
#include <stdio.h>
void main ()
{
  char name[30];
  puts("Hi, what's your name? ");
  gets(name);
  printf("Ah! %s, nice name! \n", name);
}
```

程序运行结果：

```
Hi, what's your name?
John Smith↙
Ah! John Smith, nice name!
```

可以看出，输入的字符串没有固定的长度，所以 gets 函数需要知道输入何时结束。解决办法是 gets 函数读取字符串直到遇到第一个换行符“\n”时结束，并将“\n”丢弃，用“\0”取而代之。

3. 字符串连接函数 strcat

格式：strcat (字符数组名 1，字符数组名 2)

功能：把字符数组 2 中的字符串连接到字符数组 1 中字符串的后面，并删去字符串 1 后的字符串结束标志符“\0”。要求字符数组 1 的长度要能满足连接后的长度。字符数组 2 也可以是一个字符串常量。

［例 7.10］　字符串连接。

```
#include <stdio.h>
#include <string.h>
void main ()
{
  char flower[100];
  char add_str[]=" is my favorite flower, too. ";
  puts("What's your favorite flower? ");
  gets(flower);
  strcat(flower, add_str);
  puts(flower);
}
```

程序运行结果：

```
What's your favorite flower?
Rose↙
Rose is my favorite flower, too.
```

4. 字符串拷贝函数 strcpy

格式：strcpy (字符数组名 1，字符数组名 2)

功能:把字符数组2中的字符串拷贝到字符数组1中,包括字符数组2中的"\0"也一同拷贝。字符数组2也可以是一个字符串常量。用户必须保证字符数组1有足够的长度,否则不能全部装入所拷贝的字符串。

[例7.11]　字符串拷贝。

```
#include <stdio.h>
#include <string.h>
void main ()
{    char old_word[50], new_word[50];
     puts("What's the new word you've learned today? ");
     gets(new_word);
     strcpy(old_word, new_word);
     printf("Good, \" %s \" is an old word for you now. \n", old_word);
}
```

程序运行结果:

What's the new word you've learned today?

honest↙

Good, "honest" is an old word for you now.

5. 字符串比较函数 strcmp

格式:strcmp (字符数组名1, 字符数组名2)

功能:按照ASCII码顺序比较两个数组中的字符串,并由函数返回值返回比较结果。

字符串1=字符串2,返回值=0;

字符串1> 字符串2,返回值>0;

字符串1 < 字符串2,返回值<0。

实际上,strcmp函数是依次比较两个字符串中的字符,直到遇到第一对不相同的字符,并返回它们的ASCII差值;若字符串完全相同,则返回0。该函数也可用于比较两个字符串常量,或比较一个字符数组和一个字符串常量。

[例7.12]　字符串比较,猜首都游戏。

```
#include <stdio.h>
#include <string.h>
#define ANSWER "beijing"         /* 给定答案 */
void main ()
{    char try[50];
     int flag;
     puts("What's the capital of China? ");
     gets(try);
     flag=strcmp (try, ANSWER);  /* 与答案比较 */
     while(flag ! =0)  /* 如果回答错误,进入循环 */
       {    if (flag> 0)
            /* 增加娱乐性,根据不同情况给出不同的提示语 */
```

```
            {printf ("Your answer is interesting, but not correct. Try again.\n");
              gets (try);  /* 被要求再次输入 */
              flag=strcmp (try, ANSWER);  /* 再次与答案比较 */
            }
          else
            {printf ("Sorry, %s is not the right answer. Try again.\n", try);
              gets (try);
              flag=strcmp (try, ANSWER);
            }
        }
    printf ("That's right, %s is the capital of China! \n", try);
}
```

程序运行结果：

```
What's the capital of China?
London↙
Sorry, London is not the right answer. Try again.
paris↙
Your answer is interesting, but not correct. Try again.
beijing↙
That's right, beijing is the capital of China!
```

可以看到,strcmp 函数的一个优点是它比较的是字符串而不是数组。尽管数组 try 占用 50 个内存单元,字符串“beijing”只占用 8 个内存单元,但函数比较时只看数组 try 的第一个“\0”之前的部分。因此 strcmp 函数可以用来比较存放在不同大小数组里的字符串。

上例中如果用户回答“Beijing”或“bei jing”也会被告知是错误的。要编写出一个更友好的程序,就必须预先考虑到所有可能的正确答案。感兴趣的读者可以自行完善。

6. 字符串长度函数 strlen

格式:strlen (字符数组名)

功能:求出字符串的实际长度(不含字符串结束标志“\0”)并作为函数返回值。字符数组也可以是一个字符串常量。

[例 7.13]　字符串长度。

```
#include <stdio.h>
#include <string.h>
void main ()
{   char sentence[100];
    int length;
    puts("Input a sentence:\n");
    gets(sentence);
    length=strlen (sentence);
    printf("This sentence has %d characters.\n", length);
}
```

程序运行结果：

Input a sentence：

Let's play football, Jimmy! ↙

This sentence has 26 characters.

7.3.4　常用字符函数

在实际编程中常需要对个别字符进行处理，C语言也提供了字符函数。这些函数不能被应用于整个字符串，但可以被应用于字符串中的个别字符。表7.1和表7.2罗列了几个最有用且常用的字符串函数，使用这些函数必须包含头文件“ctype.h”。

表7.1　ctype.h的字符判断函数

函数名	为如下参数时，返回值为真，否则为零
isalpha ()	字母
isblank ()	标准的空白字符(空格、换行或水平制表符)或任何其他预定义指定为空白符的字符
isdigit ()	阿拉伯数字
islower ()	小写字母
isupper ()	大写字母
isspace ()	空白字符：空格、换行、走纸、回车、垂直制表符、水平制表符或任何其他预定义指定的字符

表7.2　ctype.h的字符映射函数

函数名	动　作
tolower ()	若参数是大写字母，返回相应的小写字母；否则返回原始参数
toupper ()	若参数是小写字母，返回相应的大写字母；否则返回原始参数

[例7.14]　简单的加密问题。将字符串中的字母加密后输出。

```
#include <stdio.h>
#include <ctype.h>
void main ()
{    char ch;
     printf ("Input a line:\n");
     while ((ch=getchar ()) ! ='\n')
     {    if (isalpha (ch))                  /* 如果是一个字母 */
             putchar (ch+1);                 /* 加密 */
          else                               /* 否则 */
             putchar (ch);                   /* 原样输出 */
     }
     putchar (ch);                           /* 输出换行符 */
}
```

程序运行结果：

```
Input a line:
Look! It's a example! ↙
Mppl! Ju't b fybnqmf!
```

可以看到，结果中大写字母和小写字母都被译码，而空格和标点符号则没有变化。

［例 7.15］ 将句中小写字母改成大写。

```
#include <stdio.h>
#include <ctype.h>
void main ()
{    char ch;
     printf ("Input a line:\n");
     while ((ch=getchar ()) ! ='\n')
        putchar (toupper (ch));
        /* 若是小写字母，返回对应的大写字母再输出 */
     putchar (ch);  /* 输出换行符 */
}
```

程序运行结果：

```
Input a line:
To stop, press the Enter key at a line's start! ↙
TO STOP, PRESS THE ENTER KEY AT A LINE'S START!
```

从结果可以看出，句子中的小写字母都转变成了对应的大写字母，而其他符号没有变化。

需要注意的是，字符映射函数并不会改变原始的参数，它们只返回改变后的值。

7.3.5 字符数组举例

［例 7.16］ 从键盘上任意输入五位学生的姓名，找出并输出按字典排序排在最前面的学生的姓名。

学生的姓名就是一个字符串，应使用字符数组来存放。所谓字典顺序即将字符串按照由小到大的顺序排列。程序如下：

```
#include <stdio.h>
#include <string.h>
#define NAME_LEN 80
#define NUM 5
void main ()
{    char stu[NAME_LEN], min[NAME_LEN];
     int i;
     printf("Please input 5 students' names:\n");
     gets(stu);              /* 输入第一个字符串 */
     strcpy(min, stu);       /* 将其作为最小字符串保存 */
```

```
    for(i=1; i < NUM; i++)
      {  gets (stu);         /* 依次输入其余的字符串 */
            if (strcmp (stu, min) < 0)  /* 比较字符串大小 */
              strcpy (min, stu);/* 将较小的字符串复制给 min */
      }
    printf ("The student's name is %s. \n", min);
}
```

程序运行结果：

```
Please input 5 students' names:
Peter↙
Helen↙
Mary↙
Oliver↙
Jimmy↙
The student's name is Helen.
```

习 题 七

1. 从键盘上任意输入 10 个数据，编写程序实现将其中最大数与最小数的位置对调后，再输出调整后的数组。
2. 从键盘上任意输入 10 个整数，从第 3 个元素开始直到最后一个元素，依次向前挪动两个位置，原先最前面的两个元素放至数组末尾，输出移动后的结果。
3. 将两个整型数组分别按升序值排序，然后将它们合并成一个大的数组，仍按升序排序。
4. 输入一个 5×5 的矩阵，求两条对角线上的各元素之和；求两条对角线上行标和列标均为偶数的各元素之积。
5. 利用“*”和空格在屏幕上输出一个菱形，组成菱形边的“*”个数由键盘输入。

```
    *
   * *
  * * *
   * *
    *
```

6. 找出一个二维数组中的鞍点，数组也可能没有鞍点(所谓鞍点，即该位置上的元素在该行最大，在该列上最小)。
7. 从键盘上输入一行字符，统计其中的英文字符、数字字符、空格及其他字符的个数。
8. 编写程序，实现将字符串中的大写字母变成小写，小写字母变成大写。
9. 将一个整数(包括符号位)转换成一个字符串并输出。
10. 编写程序，实现逆序存放字符串。

8 函　数

8.1 函数概述

人类在处理一些复杂的问题时，通常会采用分而治之的策略，把一个大的问题分成若干小的子问题来解决。面对一个复杂的问题，在程序设计过程中通常采用类似的方法，将原问题分解成若干个易于求解的小问题，每一个小问题都用一个功能独立的程序模块来处理。这些功能独立的模块，在C语言中通过函数来实现。函数是C语言程序的基本模块，通过对函数模块的调用实现特定的功能，实际开发的程序往往由多个函数组成。

C语言使用函数具有两个主要优点。第一，提高代码的重用性，避免重复编写不必要的代码。例如在程序中需要多次使用某种特定的功能，只需要编写一个函数即可，程序需要的时候可以调用该函数，避免了大量的重复的代码段，提高了程序的开发效率。第二，符合模块化设计的思想，使程序的层次结构清晰，便于程序的编写、阅读、调试。例如，假设想编写一个实现以下功能的程序：

［例8.1］　读入一个幼儿园儿童的身高，求出此幼儿园儿童的平均身高。

```
#include <stdio.h>
#define SIZE 50
void main()
{
  float list[SIZE];
  read(list,SIZE);
  average(list,SIZE);
}
```

其中read函数、average函数的实现细节需要你自己编写。

8.1.1 函数的分类

在C语言中，可以从多个角度对函数进行分类。从函数定义的角度看，函数可分为库函数和用户自定义函数两种。

(1) 库函数：是系统自身提供的函数，用户不必定义就可以直接调用，调用时只需在程序前面包含有该函数原型的头文件，如printf、scanf、getchar、putchar等函数均属此类。C语言提供了极为丰富的库函数，有字符类型分类函数、转换类函数、目录路径类函数、诊断类函数、图形类函数、输入输出类函数、接口类函数、字符串类函数、内存管理类函数、数学类函数、日期和时间类函数等。

(2) 用户自定义函数：由用户编写的函数。用户自定义函数，除了在程序中定义函数本身,还要在主调函数模块中对该被调函数进行必要的类型说明,才能使用。

另外根据函数是否有返回值,C语言的函数分为有返回值函数和无返回值函数两种。

(1) 有返回值函数:此类函数被调用执行完后将会返回一个执行结果(称为函数返回值),如abs函数即属于此类函数。如果用户自己定义的需要有返回函数值的函数,则必须在函数定义和函数说明中明确返回值的类型。

(2) 无返回值函数:此类函数调用执行完成后不返回函数值。由于函数无须返回值,用户在定义此类函数时可指定它的返回值为“空类型”,空类型的说明符为“void”。

8.1.2 函数的定义

函数一般需先定义,然后才能被调用。函数的定义有两种方式:无参函数和有参函数。

1. 无参函数的定义形式

```
类型标识符  函数名()
{  说明部分
   语句
    ……
}
```

其中的类型标识符和函数名称为函数头部。类型标识符用来说明此函数的返回值类型,该类型标识符与前面介绍的各种说明符相同,函数的返回值类型默认是int型(当函数的返回值类型为int型时,类型标识符“int”可以省略)。函数名是由用户自定义的标识符,为了提高程序的可读性,建议将函数命名为一个见名知意的名字来反映该函数的功能。函数名后要有一个空括号,其中无参数,但括号不可省略。

花括号中的内容称为函数体,函数的功能就是由这些语句来完成的。在函数体中的说明部分,用来对函数体内部所用到的变量的类型进行说明。

例:
```
int hello()
{int x,y;
    printf ("Hello,world \n");
    return 0;
}
```

由于无参函数不包含参数,所以主调函数不需要通过参数的形式把数据传递给被调函数。

2. 有参函数的定义形式

```
类型标识符  函数名(参数表列)
{  说明部分
   语句
      ……
}
```

有参函数比无参函数多了参数表列,在定义函数时的参数称为形式参数(简称形参),主调函数可以通过参数把数据传递给被调函数。形式参数可以是各种类型的变量,必须在形参表中给出形参的类型说明,并且各参数之间用逗号间隔。在进行函数调用时,主调函数将赋予这些形式参数实际的值。

例如:定义一个函数,用于求两个数中的较小的数。

```
int min(int a, int b)
{
  if (a>b)
  return b;
  else
  return a;
}
```

函数头说明 min 函数是一个整型函数,其返回的函数值是一个整数。形参 a、b 均为整型变量。a、b 的具体值是由主调函数在调用时传送过来的。在花括号中的函数体内,除形参外没有使用其他变量,因此只有语句而没有声明部分。在 min 函数体中的 return 语句是把 a(或 b)的值作为函数的值返回给主调函数。有返回值函数中至少应有一个 return 语句。

在 C 语言程序中,一个函数的定义可以放在任意位置,既可放在主函数 main 之前,也可放在 main 之后。

此外,还有一种特殊的函数形式——空函数,它的形式如下:

```
类型标识符　函数名()
{
}
```

该函数不执行任何操作,在主调函数中之所以要调用此类函数,是为了以后扩充功能可以补充上。这种做法使程序结构清晰,可读性好,方便以后扩充新功能,对程序结构影响也不大。

8.2　函数的参数和返回值

8.2.1　函数的参数

函数的参数有形参和实参两种。函数定义时,函数名后面括号中的参数列表中声明的变量就是形参,函数调用时出现在圆括号中的表达式是实参。形参和实参是用来传递数据的,当主调函数进行调用函数时,主调函数把实参的值递送给被调函数的形参,从而实现主调函数向被调函数的数据传递。

在 C 语言中,函数的形参和实参具有以下特性:

(1) 形参在未出现函数调用时,他们并不占内存中的存储单元。只有在被调用时才分配内存单元,在调用结束时释放所分配的内存单元。因此形参只有在函数内部有效,函数调用结束返回主调函数后则不能再使用该形参变量。

(2) 实参可以是常量、变量、表达式、函数等,但要求在进行函数调用时,它们都必须具有确定的值,以便把这些值传递给形参。

(3) 实参将数据传送给形参时,要求实参和形参在数量上、类型上、顺序上应严格一致,否则会发生类型不匹配的错误。

[例 8.2]

```
void main()
{
   int i,j;
   printf("input number\n");
   scanf("%d,%d",&i,&j);
   swap(i,j);
   printf("i=%d,j=%d\n",i,j);
}
int swap(int a,int b)
{
   int temp;
   temp=a;
   a=b;
   b=temp;
   printf("a=%d,b=%d\n",a,b);
}
```

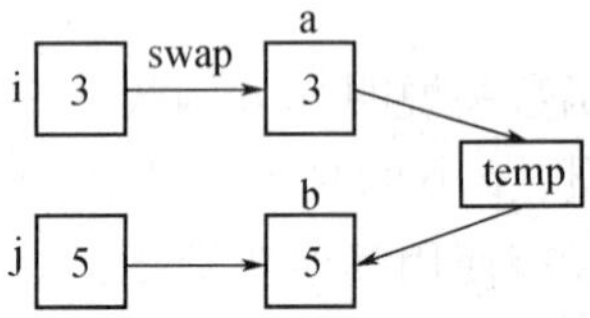

图 8.1　实参向形参传递过程示意图

程序执行结果：

```
3,5↙
a=5,b=3
i=3,j=5
```

本程序中定义了一个函数 swap,该函数的功能是交换两个数。在主调函数中输入 i、j 的值,并作为实参,在调用时传送给 swap 函数的形参量 a、b。在函数 swap 中也用printf输出了一次 a、b 值,这个 a、b 值是形参最后取得的 a、b 值。从运行情况看,输入 a、b 值为 3、5(即实参 i、j 的值为 3、5),把此值传给函数 swap 时,形参 a、b 的初值也为 3、5,在执行函数过程中,形参 a、b 的值变为 5、3。返回主函数之后,输出实参 i、j 的值仍为 3、5。可见此时实参的值不随形参的变化而变化。

8.2.2　函数返回值

主调函数的返回值是指函数被调用、执行完函数体中的程序段后,最后取得的并返回给主调函数的值。函数的返回值只能通过 return 语句返回主调函数,每次调用只能返回一个值。

return 语句的一般形式为:

return (表达式);或者 return 表达式;

说明:

(1) 函数返回值的类型和函数定义中函数的类型应保持一致。如果两者不一致,则以函数类型为准,自动进行类型转换。

(2) 如函数返回值为整型,在函数定义时可以省去类型说明。

(3) 不返回函数值的函数,可以明确定义为“空类型”,类型说明符为“void”。

例如，假设函数 s 并不向主函数返回函数值，因此可定义为：

```
void s(int n)
  {
    ……
  }
```

(4) 如果定义函数的返回值为空类型，则主调函数中不能使用被调函数的函数值。例如，在定义函数 s 为空类型后，在主函数中写 t=s(n);语句就是错误的。

为了使程序有良好的可读性并减少出错，凡不要求返回值的函数都应定义为空类型。

[例 8.3]　判断一个字符数组中各元素的值，若元素字符是数字字符则输出该值，否则不输出。

```
void nzp(char v)
{
  if(v>='0'&&v<='9') printf("%c",v);
}
void main()
{
  char a[5];
  int i;
  printf("input 5 numbers\n");
  for(i=0;i<5;i++)
  {
    scanf("%c",&a[i]);
    nzp(a[i]);
  }
}
```

8.3　函数参数的传递方式

主调函数和被调函数进行数据传递时，有两种方式来实现参数的传递：值传递和地址传递。

8.3.1　值传递

值传递：把实参的值拷贝给函数的形参，由于形参和实参分别占用不同的内存单元，因此在函数的执行过程中，即使形参的值改变也不会影响到实参。这种传递数据的方式是单向的，只能将实参的值传递给形参，而不能将形参的值传递给实参。

[例 8.4]

```
#include <stdio.h>
float area(float x)
{
```

```
    x=3.14 * x * x;
    return(x);
}
void main()
{
    float t=3;
    printf("%f %f",area(t),t);
}
```

程序执行结果：

28.260000 3.000000

在上述程序中，调用 area 函数时，实参 3 的值被拷贝到参数 x 中。当执行赋值语句 x=3.14 * x * x;时，只修改了形参 x。调用 area 函数时使用的实参 t 不变，仍保存 3.000000，因此输出是 28.260000 3.000000。

数组可以作为函数的参数使用，进行数据传递。数组用作函数参数有两种形式：一种是将数组元素作为参数，另一种是把数组名作为函数的参数使用。数组元素与普通变量并无区别，因此数组元素作为函数参数用法与普通变量是完全相同的，在函数调用时，也是单向的值传递。

[例 8.5]　判别一个整数数组中元素的值是否大于 0，如果是则输出。

```
void judge(int v)
{
    if(v>0)
    printf("%d ",v);
}
void main()
{
    int a[5]={-11,2,-3,4,5},i;
    for(i=0;i<5;i++)
        judge(a[i]);
}
```

本程序中定义了一个函数 judge，根据参数 v 值输出相应的结果。在 main 函数中用一个 for 语句将数组各元素作实参调用一次 judge 函数，即把 a[i]的值传送给形参 v，供 judge 函数使用。

切记值传递时，函数内对形参的操作不影响实参的值。

8.3.2　地址传递

地址传递：把实参的地址拷贝到函数的形参中，由于形参和实参指向相同的内存单元，函数对形参的修改会影响到对应实参的值。这种参数传递方式实现了形参和实参之间双向的传递。

数组名作为函数参数时，就是一种典型的“地址传递”方式。在函数调用时，把实参数组起始地址传递给形参数组，形参数组和实参数组占据同样的存储区域，形参数组中的某一元素的改变，将直接影响到与其对应的实参数组的元素。

［例8.6］

```
#include <stdio.h>
#include <ctype.h>
void my_upper(char st[])
{
  int i;
  for(i=0;st[i]!='\0';i++)
  {
    st[i]=toupper(st[i]);
    putchar(st[i]);
  }
}
void main()
{
  char s[30];
  printf("Enter a string:");
  gets(s);
  my_upper(s);
printf("\ns is now uppercase:%s",s);
}
```

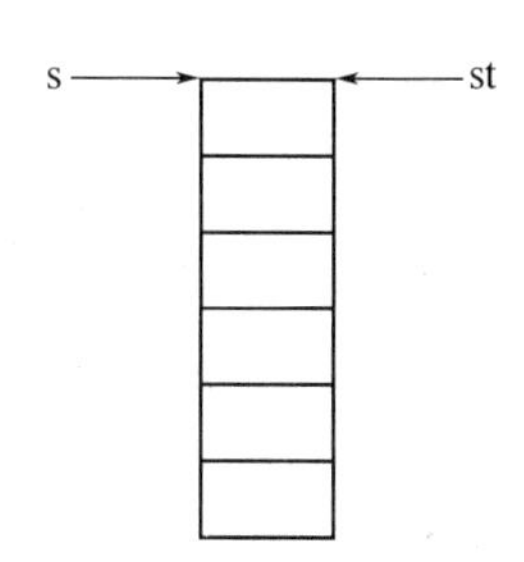

图8.2　实参向形参传递地址示意图

程序执行结果：

```
Enter a string: This is a test.↙
THIS IS A TEST.
s is now uppercase: THIS IS A TEST.
```

主函数main中调用完my_upper函数后，字符数组s的字母都变成大写，由此可看出，当数组名作为参数传递是地址的传递，数据的传递是双向的。

后面介绍的指针作为参数传递时，也是用地址的传递方式。

8.4　函数调用

8.4.1　函数调用的一般形式

函数调用的一般形式为：

函数名(实参列表)

如果函数有多个形参，则函数调用时实参表列也应包含多个实参，参数之间用逗号隔开。实参与形参的个数应相等，类型应匹配，实参与形参按顺序一一对应传递数据。实参列表中的参数可以是常数、变量或其他构造类型数据及表达式。如果函数没有形参，则函数调用时无实参列表。

[例 8.7]　用函数求解两个数中的较大数。

```
#include <stdio.h>
int max(int a,int b)
{if(a<=b)return b;
  else return a;
}
void main()
{
  int x,y,Max;
  scanf("%d%d",&x,&y);
  Max=max(x,y);
  printf("x=%d,y=%d,Max=%d",x,y,Max);
}
```

8.4.2　函数调用的方式

在C语言中,有如下两种方式调用函数:

(1) 函数语句:函数调用的一般形式后面加上分号即构成函数语句。例如:printf ("%d",a);是以函数语句的方式调用函数。

(2) 函数表达式:函数作为表达式中的一项出现在表达式中,以函数返回值参与表达式的运算。这种方式要求函数是有返回值的。例如 Max=max(x,y)+3 是一个赋值表达式,把 max 函数的返回值加上 3 再赋值给变量 Max。

有时,函数可以作为另一个函数调用的实参出现,这时将该函数的返回值作为实参进行传送。例如: printf("%d",max(x,y))即是把 max 函数调用的返回值又作为 printf 函数的实参来使用,这要求该函数必须是有返回值的。

8.4.3　函数的嵌套调用

C语言与其他语言不同之处:不允许嵌套定义函数,但是允许在调用一个函数的过程中又调用另一个函数,即函数的嵌套调用。

[例 8.8]　求三个整数 n1、n2、n3 中的最大数。

```
int larger(int x,int y)
{
  int max;
  if(x>y) max=x;
  else max=y;
  return max;
}
int largest(int a,int b,int c)
{
  int t1,t2;
  t1=larger(a,b);
  t2=larger(t1,c);
```

```
    return t2;
}
void main()
{
    int n1,n2,n3,max;
    scanf("%d%d%d",&n1,&n2,&n3);
    max=largest(n1,n2,n3);
    printf("max=%d",max);
}
```

其执行过程是:执行 main 函数中调用 largest 函数的语句时,即转去执行 largest 函数,在 largest 函数中调用 larger 函数时,又转去执行 larger 函数,larger 函数执行完毕返回 largest 函数的断点继续执行,largest 函数执行完毕返回 main 函数的断点继续执行。

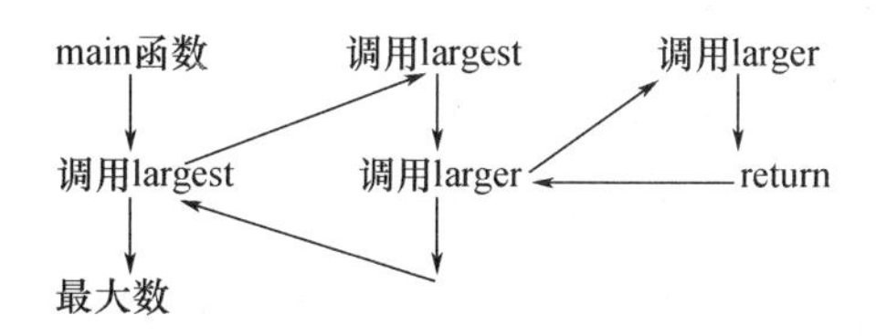

图 8.3　调用过程

在函数嵌套调用中,有一种特殊的函数调用——递归调用,即在调用一个函数的过程中又调用该函数本身,这种函数称为递归函数。在递归调用中,主调函数又是被调函数。递归函数反复调用其自身,每调用一次就进入新的一层。

例如有函数 f 如下:

```
int f(int x)
{
    int z;
    z=f(x);
    return z;
}
```

调用过程如图 8.2。

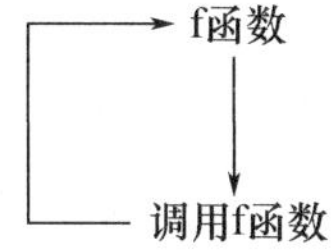

图 8.4　递归函数调用过程

递归方法可以解决递归问题,通过递归调用可以将复杂问题简单化。一般利用递归方法要满足以下两个基本条件:

(1) 可以把要解决的问题转化为解决方法与原来相同的子问题。

(2) 为了防止递归调用无终止地进行,递归要有终止条件,常用 if 语句来控制。如运行前面 f 递归函数将无休止地调用其自身,程序中不应该出现这种无休止的递归调用。程序中只能出现有限次数的、有终止的递归调用。下面举例说明递归运用与执行过程。

[例 8.9] 计算 n!。求 n! 即求:n×(n−1)×(n−2)×…×1。

用递归法计算 n! 可用下述公式表示:

n! =1 (n=1)

n! =n *(n−1)! (n>1)

此递归公式可编程如下:

```
long factor(int n)
{
  long answer;
  if(n==1) answer=1;                      /* 递归终止 */
  else answer=factor(n-1) * n;            /* 递归调用 */
  return(answer);
}
```

如下是计算 5! 的过程:

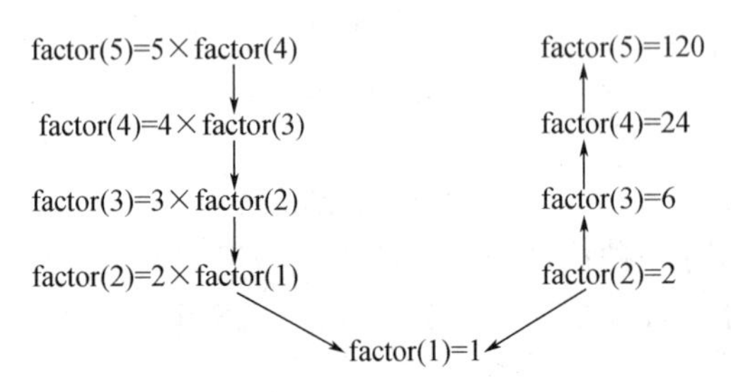

图 8.5 递归过程

递归调用分两个阶段完成。第一阶段为递归阶段:它把待求解的问题分解成对子问题求解的形式。第二阶段为回归阶段:从子问题的解递推出所求问题的解。这就是嵌套调用的逐级调用,然后逐层返回,不过这里调用的是函数自身,而且调用的次数一般比较多。递归调用的次数称为递归的深度。

[例 8.10] Hanoi 塔问题。

一块板上有三根针,A、B、C。A 针上套有 64 个大小不等的圆盘,大的在下,小的在上,如图 8.6 所示。要把这 64 个圆盘从 A 针移动 C 针上,每次只能移动一个圆盘,移动可以借助 B 针进行。但在任何时候,任何针上的圆盘都必须保持大盘在下,小盘在上,求移动的步骤。

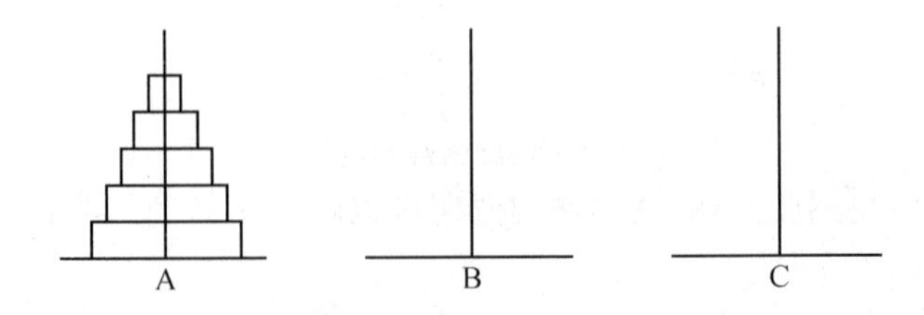

图 8.6 Hanoi 问题初始情况

本题算法分析如下,设 A 上有 n 个盘子。

如果 n=1,则将圆盘从 A 直接移动到 C。

如果 n=2,则:

(1) 将 A 上的 n-1(等于 1)个圆盘移到 B 上;

(2) 再将 A 上的一个圆盘移到 C 上;

(3) 最后将 B 上的 n-1(等于 1)个圆盘移到 C 上。

如果 n=3,则:

(1) 将 A 上的 n-1(等于 2)个圆盘移到 B(借助于 C),步骤如下:

① 将 A 上的 n-1(等于 1)个圆盘移到 C 上;

② 将 A 上的一个圆盘移到 B 上;

③ 将 C 上的 n-1(等于 1)个圆盘移到 B。

(2) 将 A 上的一个圆盘移到 C 上。

(3) 将 B 上的 n-1(等于 2)个圆盘移到 C(借助 A),步骤如下:

① 将 B 上的 n-1(等于 1)个圆盘移到 A 上;

② 将 B 上的一个圆盘移到 C 上;

③ 将 A 上的 n-1(等于 1)个圆盘移到 C 上。

从上面分析可以看出,当 n≥2 时,移动的过程可分解为三个步骤:

第一步,将 A 上的 n-1 个圆盘移到 B 上;

第二步,将 A 上的一个圆盘移到 C 上;

第三步,将 B 上的 n-1 个圆盘移到 C 上。

其中第一步和第三步是类似的。

这显然是一个递归过程,据此算法编程如下:

```
void move(int n,char x,char y,char z)
{
  if(n==1)
    printf("%c-->%c\n",x,z);
  else
  {
    move(n-1,x,z,y);
    printf("%c-->%c\n",x,z);
    move(n-1,y,x,z);
  }
}
void main()
{
  int h;
  scanf("%d",&h);
  printf("the step to moving %2d diskes:\n",h);
  move(h,'a','b','c');
}
```

从程序中可以看出，move函数是一个递归函数，它有四个形参n、x、y、z，n表示圆盘数，x、y、z分别表示三根针。move函数的功能是把x上的n个圆盘移动到z上。当n=1时，直接把x上的圆盘移至z上，输出x→z。如果n！=1则分为三步：递归调用move函数，把n−1个圆盘从x移到y，输出x→z；递归调用move函数，把n−1个圆盘从y移到z。在递归调用过程中n=n−1，故n的值逐次递减，最后n=1时，终止递归，逐层返回。

使用递归算法层次分明，形式简练，可读性强，符合人们的思维习惯。但递归程序执行时间、空间开销比较大，这也要求慎用递归。

8.5　变量的作用域与变量的存储类别

C语言中，变量的使用是有一定范围的，例如函数的形参在函数调用结束就释放。变量的有效范围称为变量的作用域。C语言中所有的变量都有自己的作用域，变量说明的方式不同，其作用域也不同。C语言中的变量根据不同的标准有不同的分类，从作用域范围（即从空间）角度来看可分为两种：局部变量和全局变量；从变量值存在的时间（即生存期）角度来看，变量的存储方式有静态存储方式和动态存储方式两种，可分为自动变量、寄存器变量、静态变量、外部变量。

8.5.1　变量的作用域

从作用域范围（即从空间）角度来分可分为局部变量和全局变量。

(1) 局部变量

在函数内部定义的变量称为局部变量（又称内部变量）。其作用域仅限于本函数内，在该函数外就不能再使用。

例如：

```
int local(int a)                /* 函数 local */
{
    int b,c;                    /* a、b、c 作用于函数 local 内 */
    ……
}
void main()
{
    int m,n;                    /* m、n 作用于函数 main 内 */
    ……
}
```

在函数local内定义了三个变量，a为形参，b、c为一般变量。在local的范围内a、b、c有效，m、n的作用域限于main函数内。

局部变量的作用域说明如下：

不同于其他语言，在C语言中，main函数定义的变量只能在main函数中使用。同样，main函数中也不能使用其他函数中定义的变量。这是由于main函数也是一个函数，它与其他函数是平行关系，应予以注意。

形参是属于函数内定义的变量，因此也是局部变量，作用域也仅限于本函数。

C语言允许在不同的函数中定义相同的变量名，但它们代表不同的内存单元，不会发生混淆。如在前例中，形参和实参的变量名都为n是完全允许的。

在复合语句中也可定义变量，其作用域只在复合语句范围内。

［例8.11］

```
void main()
{
  int i=9,j=3,x;
  x=i+j;
  {
    int x=3;
    printf("%d \n",x);
  }
printf("%d  %d\n",i,x);
}
```

本程序在main()中定义了i、j、x变量，而在复合语句内又定义了一个变量x，并赋初值为3。注意这两个x不是同一个变量。在复合语句外定义的x只在main函数中起作用，而在复合语句内定义的x只在复合语句内起作用。

程序运行结果：

```
3
9  12
```

(2) 全局变量

在函数外部定义的变量称为全局变量，它的作用域是从定义全局变量的位置开始到整个程序结束。在一个函数中使用全局变量分两种情况：一种是全局变量在该函数之前已经定义过，则可以在该函数内直接使用此全局变量；另一种是全局变量在该函数之后定义，则只有在该函数内对全局变量进行说明之后才能使用。全局变量的说明符为extern。

例如：

```
int a,b;                    /* 外部变量 */
void f1()                   /* 函数 f1 */
{
  int i,j;
  extern int x;
  i=a+x;
  ……
}
int x,y;                    /* 外部变量 */
int fz()                    /* 函数 fz */
{
  ……
}
main()                      /* 主函数 */
```

```
{
  ……
}
```

a、b、x、y 都是在函数外部定义的全局变量。x、y 的定义在函数 f1 之后，在 f1 内又无对 y 的说明，所以 y 在 f1 内无效，而由于对 x 加以说明了，所以可以使用 x。a、b 定义在源程序最前面，因此在 f1、f2 及 main 函数内不加说明也可使用。

[例 8.12]　变量与局部变量同名。

```
int a=3,b=5;                /* a、b 为外部变量 */
int max(int a,int b)        /* a、b 为内部变量 */
{int c;
  c=a>b? a:b;
  return(c);
}
main()
{int a=8;
  printf("%d\n",max(a,b));
}
```

注意：同一个源文件中如果外部变量与内部变量同名，则在内部变量的作用范围内，外部变量被“屏蔽”，即不起作用。

8.5.2　变量的存储类别

在 C 语言中，从变量值的生存期角度来分类，变量的存储方式可分为静态存储方式和动态存储方式。静态存储方式是指在程序开始执行时分配存储单元，程序执行完毕后才释放所占的存储单元。静态存储方式是在程序的运行期间分配固定的存储空间的方式。动态存储方式是在程序运行期间根据需要进行动态的分配存储空间方式。

根据存储方式的不同，C 语言的变量又可以分为：自动变量、寄存器变量、静态变量、外部变量四种。

(1) 自动变量

在函数内定义的变量，其默认类型为自动变量，由系统动态地为其分配存储空间，数据存储在动态存储区中。函数中的形参和在函数内定义的变量(包括在复合语句中定义的变量)都是自动变量。自动变量用关键字 auto 进行说明。

例如：

```
int fac(int a)              /* 定义 fac 函数 */
{
  auto int x,y=3;           /* 定义 x、y 为自动变量 */
  ……
}
```

a、x、y 是自动变量，对 y 赋初值 3。执行完 fac 函数后，自动释放 a、x、y 所占的存储单元。

自动变量的关键字 auto 可以省略，因为默认类型是自动变量类型。自动变量作用域是局部的，它的使用范围仅限于定义它的函数。

(2) 寄存器变量

内存的速度要远远低于寄存器的速度,而通常变量是存放在计算机内存中的,如果变量被存放在 CPU 的寄存器中,操作速度会更快。为了提高效率,C 语言允许将局部变量的值放在 CPU 的寄存器中,这种变量叫寄存器变量,用关键字 register 作说明。

[例 8.13]

```
long factor(int n)
{
    register long i,f=1;
    for(i=1;i<=n;i++)
      f=f * i;
    return(f);
}
main()
{
  int i=3;
  printf("%d,%ld\n",i,factor(3) );
}
```

注意:只有局部自动变量和形式参数可以作为寄存器变量;CPU 中的寄存器数目有限,不能定义任意多个寄存器变量;局部静态变量不能定义为寄存器变量。

(3) 静态变量

有时希望函数中的局部变量的值在函数调用结束后不消失而保留原值,这时可以用静态变量,用关键字 static 进行说明。静态局部变量属于静态存储类别,在静态存储区内分配存储单元,在程序整个运行期间都不释放。静态局部变量在编译时赋初值,即只赋初值一次;而对自动变量赋初值是在函数调用时进行,每调用一次函数重新给一次初值,相当于执行一次赋值语句。

[例 8.14]

```
#include <stdio.h>
int func()
{
  int a=0;
  static int static_var=0;
  printf("\na=%d   static_var=%d \n",a,static_var);
  a++;
  static_var++;
}
void main()
{
  int i;
  for(i=0;i<3;i++)
  func();
}
```

程序执行结果：

```
a=0 static_var=0
a=0 static_var=1
a=0 static_var=2
```

a是自动变量，在函数调用执行a赋初值为0，在函数调用完后又会释放a占用的空间。当再一次调用该函数，a又被重新赋值为0，因此三次执行a的值都是0。而static_var是静态变量，在函数第一次调用时static_var赋初值为0，函数调用完，static_var空间并没有释放，当函数再次执行时，static_var不会被重新赋初值，static_var在原来的内存单元进行操作。因此，static_var三次执行的结果都不一样。

(4) 外部变量

外部变量在函数的外部定义，它的作用域从定义处开始直到文件结束。对外部变量的使用有两种情况：如果在外部变量定义之前的函数想引用该外部变量，则应该在引用之前用关键字extern对该外部变量作外部变量声明。如果在外部变量定义之后引用该外部变量，可以直接使用。

[例8.15] extern声明外部变量，扩展程序文件中变量的作用域。

```
int max(int x,int y)
{int z;
  z=x>y? x:y;
  return(z);
}
void main()
{
  extern A,B;
  printf("%d\n",max(A,B));
}
int A=13,B=-8;
```

说明：在本程序文件的最后一行定义了外部变量A、B，但由于外部变量定义的位置在函数main之后，因此在main函数中要使用外部变量A、B，就需要用extern对A、B进行外部变量的声明，这样才能合法地使用该外部变量A和B。

8.6 函数的作用范围

C语言的程序往往由多个函数构成，这些函数可以包含在多个文件中，应该如何调用不同文件的函数？函数也有作用域，根据函数是否能被其他文件调用，可将函数分为内部函数和外部函数。

8.6.1 内部函数

内部函数是指只能在定义它的文件中被调用，而不能被其他文件中的函数调用的函数。定义内部函数用关键字static进行说明，其定义的一般形式为：

static 类型标识符 函数名(参数列表)

例如：static float fun(int a)

fun函数的作用域仅限于定义它的文件，在其他文件中不能调用此函数。内部函数由于只局限在所在文件，在不同的文件中即使有同名的内部函数，也可以互不干扰。

8.6.2 外部函数

外部函数是指可以被其他文件调用的函数。定义外部函数用关键字extern进行说明，extern也可以缺省，其定义的一般形式为：

[extern]类型标识符 函数名(参数列表)

例如：

文件1中有如下函数定义：

```
extern int fun2(int a,int b)
{
  ……
}
```

文件2中有如下函数调用：

```
void main()
{
extern int fun2(int a,int b);
……
fun2(3,5);
}
```

由于fun2函数是外部函数，因此可以在文件2中调用它。

习 题 八

1. 定义一个函数，判断三个数能否构成三角形。
2. 设计一个函数，实现判断101～200之间有多少个素数，并返回素数的个数。
3. 设计一个函数，打印出如下图案(菱形)。

```
      *
    * * *
  * * * * *
* * * * * * *
  * * * * *
    * * *
      *
```

4. 两个数的谐均值可以这样计算：首先对两数值的倒数取平均值，最后再取倒数。编写一个带有两个double参数的函数，计算这两个参数的谐均值。
5. 设计函数chine(ch,i,j)用于指定字符在i列到j列输出。

9 预处理命令

9.1 概述

＃include、＃define 等以“＃”开头的命令称为预处理命令。

C 语言的编译预处理程序是一个正文处理程序，它属于 C 语言编译系统的一部分。编译程序对 C 语言源程序进行编译时，首先调用预处理程序对源程序进行一遍扫描，目的是对在源程序中的预处理指令(以“＃”开头的指令)进行识别和处理。处理完毕自动进入对源程序的编译。合理地使用预处理功能编写的程序便于阅读、修改、移植和调试，也有利于模块化程序设计。

C 语言提供了多种预处理功能，如宏定义、文件包含、条件编译等。本章介绍常用的几种预处理功能。

9.2 宏定义

宏定义指令(＃define)能有效地提高程序的编程效率，增强程序的可读性、可修改性。

C 语言的宏定义指令包括无参宏定义和带参宏定义。下面分别介绍这两种宏定义。

9.2.1 无参宏定义

无参宏定义的宏名后不带参数。

1. 指令格式

＃define 标识符 字符串

其中的“＃”表示这是一条预处理命令，凡是以“＃”开头的均为预处理命令，“define”为宏定义命令，“标识符”为所定义的宏名，“字符串”可以是常量、表达式、格式串等。

2. 作用

为标识符指定字符串。预处理程序处理源程序时，将程序中出现标识符的地方均用其指定的字符串代替。在前面介绍过的符号常量的定义就是一种无参宏定义。此外，常对程序中反复使用的表达式进行宏定义。

[例 9.1]

```
#define PI 3.1415926
#define R 3.1
void main()
{float s;
```

```
    s=2 * PI * R;
    printf("circumference is %f",s);
}
```

经过编译预处理后将得到如下程序：

```
void main()
{
  float s;
  s=2 * 31415926 * 3.1;
  printf("circumference is %f",s);
}
```

说明：

(1) 宏名通常采用大写字母，以便与程序中的其他标识符区别开来。

(2) 宏定义是用宏名代替一个字符串，只是作简单的替换，不作语法检查，只有在编译已被宏展开后的源程序时才开始检查错误。

(3) 字符串可以是一个关键字、某个符号或为空。例如：

```
#define WORD int
#define START {
#define END  }
```

(4) 一个宏名一旦被定义了，在没有消除该定义之前，它就不能再被定义为其他不同的值。其作用域是从定义的地方开始到该源文件结束。

(5) #undef 命令可以终止宏定义的作用域。若一个宏名消除了原来的定义，便可被重新定义为其他的值。例如，在程序中定义：

```
#define YES 1
```

后来又用下列宏定义撤消：

```
#undef YES
```

那么，程序中再出现 YES 时就是未定义的标识符了。也就是说，YES 的作用域是从定义的地方开始到#undef 结束。

(6) 宏定义不是说明或语句，在行末不必加分号，如加上分号则连分号也一起置换。

(7) 在源程序中宏名若用引号括起来，则预处理程序不对其作宏代换。

9.2.2　带参宏定义

C 语言允许宏带有参数。在宏定义中的参数称为形式参数，在宏调用中的参数称为实际参数。对带参数的宏，在调用中，不仅要宏展开，而且要用实参去代换形参。

带参宏定义的一般格式为：

#define 宏名(形参表) 字符串

其中，"形参表"是用逗号分隔的若干个形参，在字符串中包含每个形参。

带参宏调用的一般形式为：

宏名(实参列表)

例如：

```
#define F(y) y * y+3 * y                    /* 宏定义 */
  ……
k=F(5);                                     /* 宏调用 */
  ……
```

在宏调用时，用实参 5 去代替形参 y，经预处理宏展开后得到的语句为：

```
k=5 * 5+3 * 5
```

［例 9.2］

```
#define MAX(a,b) (a>b)? a:b
void main()
{
   int x,y,max;
   printf("input two numbers: ");
   scanf("%d,%d",&x,&y);
   max=MAX(x,y);
   printf("max=%d\n",max);
}
```

上例程序的第 1 行进行带参宏定义，用宏名 MAX 表示条件表达式(a>b)? a:b，形参 a、b 均出现在条件表达式中。程序第 7 行 max=MAX(x,y)；为宏调用，实参 x、y 将代换形参 a、b。宏展开后该语句为：

```
max=(x>y)? x:y;
```

用于计算 x,y 中的较大数。

对于带参的宏定义有以下问题需要说明：

(1) 带参宏定义中，宏名和形参表之间不能有空格出现。

例如把：

```
#define MAX(a,b) (a>b)? a:b
```

写为：

```
#define MAX (a,b) (a>b)? a:b
```

将被认为是无参宏定义，宏名 MAX 代表字符串 (a,b) (a>b)? a:b。宏展开时，宏调用语句：

```
max=MAX(x,y);
```

将变为：

```
max=(a,b)(a>b)? a:b(x,y);
```

这显然是错误的。

(2) 在带参宏定义中，形式参数不分配内存单元，因此不必作类型定义。而宏调用中的实参有具体的值，要用它们去替换形参，则必须作类型说明。这与函数中的情况不同。在函数中，形参和实参是两个不同的量，各有自己的作用域，调用时要把实参值赋予形参，进行值传递。而在带参宏中，只是符号代换，不存在值传递的问题。

(3) 在宏定义中的形参是标识符，而宏调用中的实参可以是表达式。

[例 9.3]

```
#define CUBE(y) (y) * (y) * (y)
void main()
{
  int a,cube;
  printf("input a number: ");
  scanf("%d",&a);
  cube=CUBE(a+1);
  printf("cube=%d\n",cube);
}
```

上例中第 1 行为宏定义，形参为 y。程序第 7 行宏调用中实参为 a+1，是一个表达式，在宏展开时，用 a+1 替换 y，再用(y) * (y) * (y) 替换 CUBE，得到如下语句：

```
cube=(a+1) * (a+1) * (a+1);
```

这与函数的调用是不同的，函数调用时要把实参表达式的值求出来再赋予形参，而宏替换中对实参表达式不作计算而是直接按照原样进行替换。

(4) 在宏定义中，字符串内的形参通常要用括号括起来以避免出错。在上例中的宏定义中(y) * (y) * (y)表达式的 y 都用括号括起来，因此结果是正确的。如果去掉括号，把程序改为以下形式：

```
#define CUBE(y) y * y * y
void main()
{
  int a,cube;
  printf("input a number: ");
  scanf("%d",&a);
  cube=CUBE(a+1);
  printf("cube=%d\n",cube);
}
```

运行结果为：

```
input a number:3
cube=10
```

同样输入 3，但结果却是不一样的。这是由于宏替换只作符号替换而不作其他处理而造成的。宏替换后将得到以下语句：

```
cube=a+1 * a+1 * a+1;
```

由于 a 为 3 故 cube 的值为 10。这显然与题意相违，因此参数两边的括号是不能少的。

(5) 带参函数和带参宏的区别如表 9.1 所示。

表 9.1 带参函数和带参宏的区别

	带参宏	带参函数
形参与实参执行时	只作简单的字符替换	实参值传递给形参
形参与实参的类型	形参不存在数据类型	形参与实参的类型分别定义,且必须一致,一一对应
程序所占内存	宏展开后,源程序变长,所占内存增加	源程序不变,不增加程序所占的内存
获得的值	可以获得多个值	函数调用只能得到一个返回值
执行程序时	只是原地替换,不改变程序执行顺序	程序调用时,转到子函数处执行,执行完后返回调用处

(6) 宏定义嵌套时作层层置换。

[例 9.4]

```
#define MC(m) 2 * m
#define MB(n,m) 2 * MC(n)+m
void main()
{
  int i=2,j=3;
  printf("%d\n",MB(j,MC(i)));
}
```

则作宏替换时,先将 MC(i)替换为 2 * i,再将 MB(j,2 * i) 替换为 2*2 * j+2 * i 结果为 16。

9.3 文件包含

文件包含是C预处理程序的另一个重要功能。在程序设计中,通常将一个大的程序分为多个独立的模块,由多个程序员分别编程。对于一些公用的符号常量或宏定义等可单独组成一个文件,在其他文件的开头用包含命令包含该文件即可使用。这样可避免在每个文件开头都去书写那些公用量,从而节省时间,并减少出错。

文件包含命令的一般形式为:

#include "文件名"

其中文件名用双引号括起,也可用“<>”括起。

例如,文件包含示意图如图 9.1 所示。

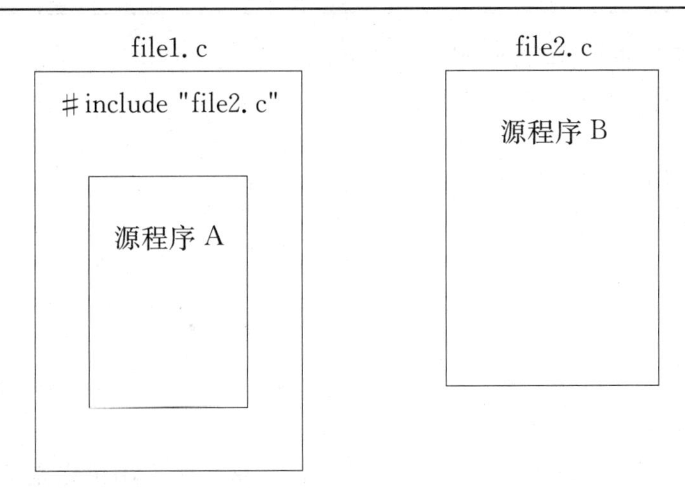

图 9.1　文件包含示意图

上图中，在源程序文件名为 file1. c 的程序中，在“源程序 A”的前面使用了文件包含命令＃include "file2. c"，经过编译预处理后，将源程序文件名为 file2. c 的“源程序 B”替换编译预处理命令＃include "file2. c"，即放在了“源程序 A”的上面，如图 9. 2 所示。

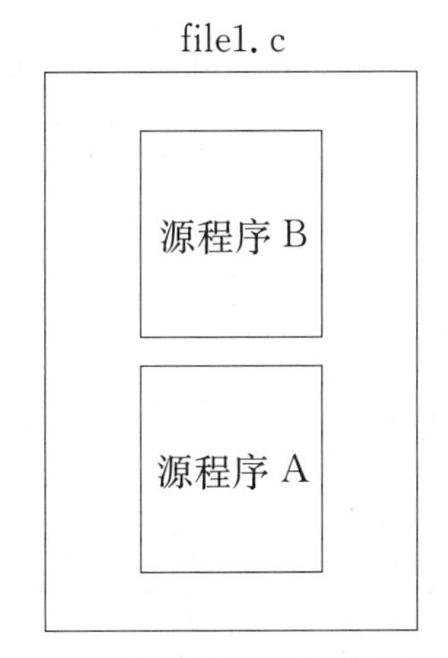

图 9. 2　经过编译处理后的 file1. c 文件

在前面我们已多次用此命令包含过库函数的头文件。例如：

＃include <stdio. h>

＃include <math. h>

文件包含命令的功能是把指定的文件插入该命令行位置取代该命令行，从而把指定的文件和当前的源程序文件连成一个源文件。

对文件包含命令还要说明以下几点：

(1) 一个 include 命令只能指定一个被包含文件，若有多个文件要包含，则需用多个 include 命令。

(2) 文件包含允许嵌套，即在一个被包含的文件中又可以包含另一个文件。

(3) 使用 C 语言中的数学函数时应用下列命令行：

＃include "math. h"或＃include <math. h>

使用 C 语言中的字符串函数时应用下列命令行：

＃include "string. h"或＃include ＜string. h＞

使用C语言中的字符函数时应用下列命令行：

＃include "ctype. h"或＃include ＜ctype. h＞

使用C语言中的输入输出函数时应用下列命令行：

＃include "stdio. h"或＃include ＜stdio. h＞

9.4 小结

（1）预处理功能是C语言特有的功能，它是在对源程序进行正式编译前由预处理程序完成的。程序员在程序中用预处理命令来调用这些功能。

（2）宏定义是用一个标识符来表示一个字符串，这个字符串可以是常量、变量或表达式。在宏调用中将用该字符串替换宏名。

（3）宏定义可以带有参数，宏调用时是以实参替换形参，而不是“值传递”。

（4）为了避免宏替换时发生错误，宏定义中的字符串应加括号，字符串中出现的形式参数两边也应加括号。

（5）文件包含是预处理的一个重要功能，它可用来把多个源文件连接成一个源文件进行编译，结果将生成一个目标文件。

（6）使用预处理功能便于程序的修改、阅读、移植和调试，也便于实现模块化程序设计。

习题九

1. 以下叙述中错误的是________。

   A. C语言程序中的＃include和＃define均不是C语句

   B. 在C语言中，预处理命令都以“＃”开头

   C. 每个C语言程序必须在开头包含预处理命令 ＃include

   D. 一行中不能有多条预处理命令

2. 有以下程序：

```
#define P 3
void F(int x)
{   return (P * x * x);}
void   main()
{   printf("%d\n",F(3+5));}
```

   程序运行后的输出结果是________。

   A. 192　　B. 29　　C. 25　　D. 编译出错

3. 有以下的宏定义：

```
#define SQR(x) x * x
```

   则表达式 a=16,a/=SQR(2+1)/SQR(2+1) 执行后的值是________。

   A. 16　　B. 2　　C. 9　　D. 1

4. 程序中，头文件 type1. h 的内容是：

```
#define N 5
#define M1 N+3
```

源程序如下：

```
#include "type1.h"
#define M2 N+2
main()
{    int i;
     i=M1+M2;
     printf("%d\n",i);
}
```

程序执行后的结果是________。

A. 10　　B. 20　　C. 25　　D. 30

5. 以下程序执行后的结果是________。

```
#include <stdio.h>
#define F(x,y) (x) * (y)
main()
{    int a=3,b=4;
     printf("%d\n",F(a++,b++));
}
```

A. 12　　B. 15　　C. 16　　D. 20

6. 以下程序执行后的结果是________。

```
#define M(x,y,z) x * y+z
main()
{  int a=1,b=2,c=3;
printf("%d\n",M(a+b,b+c,c+a));
}
```

A. 19　　B. 17　　C. 15　　D. 12

7. 下列说法不正确的是________。

A. 有参宏的参数不占内存空间

B. 宏定义可以嵌套定义

C. 宏定义可以递归定义

D. 宏展开时，只作替换，不含计算过程

8. 下列说法正确的是________。

A. 宏名必须用大写字母表示

B. 预处理命令行必须在源程序的开头

C. 当程序有语法错误时，预处理的时候就能够检查出来

D. 宏定义必须写在函数之外

10 指　针

C语言中可以用变量和数组元素访问内存。除此之外，C语言还允许用指针访问内存。指针是表示内存地址的一种数据类型。用指针来编程是C语言的主要特色之一。但指针编程让人欢喜让人忧，喜的是：用指针可以写出更紧凑和更高效的程序，用指针变量作为函数的参数可以改变实参的值，可以方便地处理没有名字的数据，而且支持内存的动态分配，提高内存的使用率；忧的是：指针使用不当，很容易指到意想不到的地方，这种错误编译不会报错，所以很难被发现，而且这种错误可能破坏其他应用程序和数据。因此，必须彻底理解指针的相关概念，熟练掌握指针的各种应用，才能在编程中不犯错误，充分发挥C语言的独特优势，尽情领略C语言的独特魅力和风采。

本章的内容比较丰富，概括起来包括以下四点：(1) 不同类型指针变量的定义与引用；(2) 用指针变量作为函数的形参；(3) 字符串与多个字符串的处理方法；(4) 动态存储分配。

10.1 地址和指针

10.1.1 地址、指针和指针变量的概念

众所周知，内存是计算机的主要组成部分，它用来容纳当前正在使用的或经常使用的程序和数据。程序或数据是以二进制的形式存储在内存的存储单元中。为了区别不同的存储单元，给它们各编一个号，这就像宾馆中的房间，每个房间都编一个房间号一样。每一个存储单元有一个唯一的编号与其对应，这个编号就是这个存储单元的地址。地址从0开始编号，每次顺序地加1。在C编译系统中，内存的地址用4位十六进制数来表示，如图10.1所示。在图中，第一个字节的地址为0000H，第二个字节的地址为0001H，其他的字节的地址以此类推。地址为0002H单元存储的内容为34H。内存包含有大量的存储单元，每个存储单元可以放1个字节，内存以字节为单位存储信息。

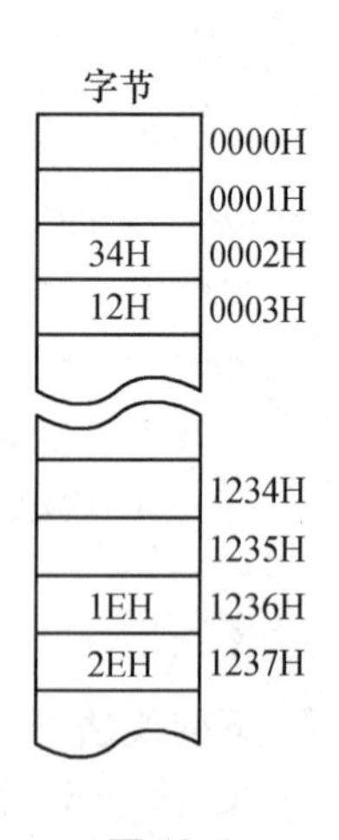

图 10.1

如果在程序中定义了一个变量，在编译时就会在内存中为这个变量分配存储单元。系统根据程序中定义的变量的数据类型，连续为这个变量分配一定长度的存储空间。例如：

```
int i=3,j=4,k=5;
```

这条语句定义了三个整型变量，C语言编译系统为每个整型变量连续分配2个字节的存储空间，假设分配2000H、2001H给变量i，2002H、2003H给变量j，2004H、2005H给变量k。变量i的值3以二进制的形式存储，为了方便起见，图10.2中用十六进制表示(3=0011H)。高字节(00H)放在高地址(2001H)的存储单元中，低字节(11H)放在低地址的存

储单元中，变量 j 和 k 的值也是这样存储的。这三个变量在内存中的具体存储情况如图 10.2 所示。变量的类型不同，在内存中占用的字节数也不一样。例如字符型变量占 1 个字节，整型变量占 2 个字节，浮点型变量占 4 个字节等。到底哪个字节的地址是变量的地址呢？变量所占用内存的首字节地址称为变量的地址，例如，从图 10.2 可以看出，变量 i 占用从内存地址 2000H 开始的两个字节，所以变量 i 的地址为 2000H，同样可知变量 j 的地址为 2002H，变量 k 的地址为 2004H。变量的地址总是指向该变量所占用的存储空间，所以形象化地把一个变量的地址称为变量的指针，简称指针。在 C 语言中，允许用一个变量来存放另一个变量或对象的地址（指针），这种变量被称为指针变量。假设定义了一个指针变量 p，我们可以用下面语句：

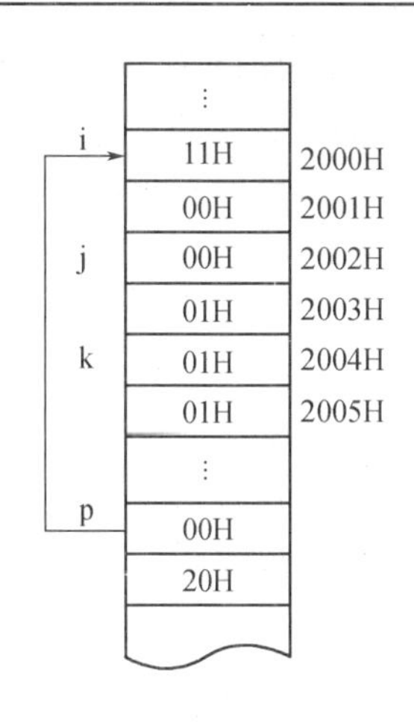

图 10.2

```
p=&i;
```

把变量 i 的地址（2000H）存放到指针变量 p 中。也就是说指针变量 p 指向了变量 i，见图 10.2。

值得注意的是，变量的地址分配工作是由编译系统完成的，用户一般不需要关心。在程序中可以通过取地址运算符“&”来获取它。取地址运算符会在后面加以介绍。

指针变量也是变量，它同样具有变量的三个要素：变量名、变量类型和变量的值。如图 10.2 中的指针变量 p，它的名字是 p，它的类型是整型指针变量类型，它的值是变量 i 的地址。但它又不同于一般的变量，是一种特殊的变量，特殊在它的类型和值。

指针变量的类型是它所指向的变量或对象的类型。指针类型并不是它本身存放值的类型。它指向什么类型的变量，它就是什么类型。因此，指针变量的类型很丰富，有整型指针变量、字符型指针变量、浮点型指针变量、指向数组的指针变量、指向函数的指针变量、指向指针的指针变量等。

指针变量的值是某个变量或对象的地址。如果一个指针变量存放了某个变量或对象的地址，我们就说该指针变量指向了这个变量或对象。

在这里要搞清变量的指针和指针变量这两个概念的本质区别：变量的指针是变量的地址，是一个常量；而指针变量是可以存放不同数据类型变量指针的变量，是一个变量。

10.1.2　直接访问和间接访问

在以前的章节中，对变量的赋值和引用都是通过变量名来进行的，例如：

```
int a,b;
a=8;
b=a;
```

图 10.3

语句 a=8;表示将整型常量 8 赋给变量 a 所在的内存单元；语句 b=a;表示将变量 a 所在内存单元的值拷贝到变量 b 所在的内存单元。虽然在程序中是通过变量名来对内存单元进行访问，但实际上程序经过编译以后已经将变量名转换为变量的地址，对变量的访问都是通过变量的地址（指针）进行的。这种通过变量地址引用变量所占内存单元的方式称为直接访问。如图 10.3 所示，假设变量 a 的地址为 1000H，将变量 a 的值赋为 8，只要直接根据变量 a 的指针 1000H 在内存中找到这个存储单元，然后再把 8 送到变量 a 所占用的存储单元 1000H、1001H 中。

下面的语句也可以将变量 a 的值赋为 8：

```
int a, * p;
p=&a;
* p=8;
```

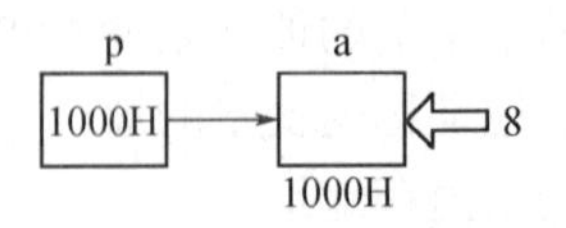

图 10.4

首先定义一个整型指针变量 p，然后将整型变量 a 的指针 1000H 赋给它，这样指针变量 p 就指向了变量 a。要想将变量 a 的值赋为 8，可以去访问指针变量 p，然后根据指针变量 p 的值 1000H(变量 a 的地址)在内存中找到这个存储单元，然后再把 8 送到变量 a 所占用的存储单元 1000H、1001H 中，如图 10.4 所示。这种利用指针变量，根据指针变量的值(即另一个变量的指针)来找到该变量的存储单元，然后引用该变量内存单元的方式称为间接访问。从上面的例子可以看出，要想间接访问某个变量，必须先定义一个与该变量类型相同的指针变量，将变量的地址赋给这个指针变量，然后才能通过指针变量来访问这个变量。

10.2　变量的指针与指针变量

变量的指针就是变量的地址，指针变量就是用来存放指针的变量。下面介绍指针变量的定义和引用方法以及相关的运算。

10.2.1　定义一个指针变量

C 语言规定，所有变量在使用前都必须定义，指定其数据类型，并按此分配内存单元。指针变量也不例外，它的一般定义形式为：

基类型　* 指针变量名 1[=初值][, * 指针变量名 2[=初值],……];

这里“ * ”只是一个说明符，它既不是乘法符号，也不是指针运算符。“基类型”用来指定该指针变量指向的变量的类型。“初值”可以给出，也可以不给。可以同时定义多个相同类型的指针变量。指针变量也是变量，C 语言编译系统为每个指针变量分配 2 个字节的存储单元，与它指向的变量的类型无关，指针的本身是一个 16 位的无符号数。请看下面的例子：

```
int * p1, * p2;
float * p3;
```

第一行定义的两个指针变量 p1 和 p2 是指向整型变量的指针变量。第二行定义的指针变量 p3 是指向单精度型变量的指针变量。整型指针变量 p1、p2 和单精度型指针变量 p3 各占 2 个字节的存储空间。语句

```
int * p4,p5;
```

表示定义了一个指向整型的指针变量 p4 和一个整型变量 p5，请大家务必注意！

下面列出一些常用的基本数据类型指针变量定义格式：

```
int * pi;            /* pi 是指向 int 型变量的指针变量 */
double * pd;         /* pd 是指向 double 型变量的指针变量 */
```

```
char * pc;            /* pc是指向char型变量的指针变量 */
float * pf;           /* pf是指向float型变量的指针变量 */
```

当然，指针变量不仅可以指向基本数据类型的变量，也可以指向构造的数据类型的变量，例如指向数组的指针变量、指向结构体的指针变量、指向指针的指针变量、指向文件的指针变量等，而且还有指向函数的指针变量。

10.2.2　指针变量的初始化和赋值

在程序中可以用指针访问内存和变量。我们已经看到了把地址作为scanf函数的参数的用法，例如：

```
int v;
scanf("%d",&v);
```

这样的函数调用将变量v的地址(指针)传给scanf函数的形参。scanf函数通过变量v的指针找到变量v的存储单元，然后将从键盘读取的值存放到该存储单元。从这个例子可以看出，如果v是一个变量，那么&v就是变量v的指针。“&”是C语言中取地址运算符，在程序中可以用取地址运算符“&”来获取变量或数组元素的地址。取地址运算符“&”是一元运算符，与其他的一元运算符有同样的优先级和从右到左的结合性。“&”不能对常量和表达式进行运算。

[例10.1]　输出已定义变量的地址。

```
void main()
{   int a,b;
    float c;
    int arr[2];
    printf("%XH\n",&a);
    printf("%XH\n",&b);
    printf("%XH\n",&c);
    printf("%XH\n",&arr[0]);
}
```

程序运行结果为：(不同机器配置，输出的地址不同，仅供参考)

```
FF7CH
FF78H
FF74H
FF6CH
```

pa　　a

&a →

图10.5

从上面的结果可以看出：“&”能获得变量或数组元素的地址。

在定义指针变量时可以给它赋一个初值，如：

```
int a, * pa=&a;
```

这里，pa是指向int型变量的指针变量，&a表示变量a的地址，用&a给指针变量pa初始化，就是使指针变量pa指向变量a，如图10.5所示。

说明：

(1) 在定义时，“*”只是一个类型说明符，不是运算符，不要断章取义，认为这里是* pa

=&a。

(2) 变量a必须在指针变量pa前先定义。

指针变量也是变量，可以通过赋值运算来改变指针变量的值，使它指向另一个变量。例如：

```
int a=5,b=3,* p=&a;
p=&b;
```

第一行定义了int型变量a、b和一个指向int型变量的指针变量p，同时给三个变量初始化，指针变量p指向变量a，如图10.6(a)所示。当执行第二条赋值语句p=&b;后，指针变量p就指向了变量b，如图10.6(b)所示。

说明：

(1) 给指针变量赋值的地址必须是与指针变量相同类型变量的地址。例如下面的赋值操作是错误的：

```
int a=3;
float * pfl;
pfl=&a;  /* 错误,类型不匹配 */
```

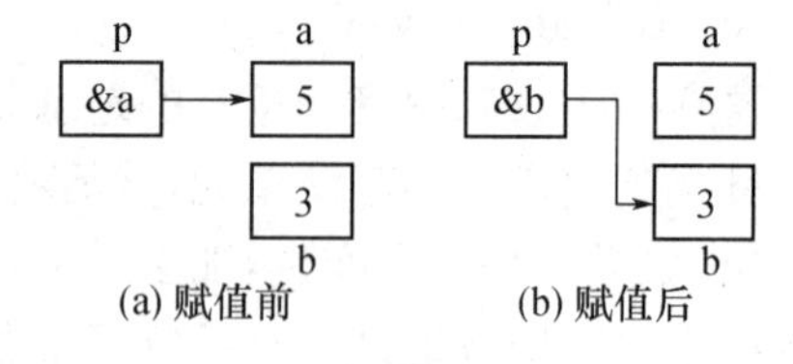

图 10.6

这里给指针变量pfl赋值是错误的，指针变量pfl指向的数据类型与变量a的类型不一致。

(2) 相同类型的指针变量可以相互赋值。例如：

```
int a=5, * p1=&a, * p2;
p2=p1;
```

这里指针变量p1和p2都是int型指针变量，所以可以将指针变量p1的值赋给p2，这样这两个指针变量都指向了变量a，如图10.7所示。

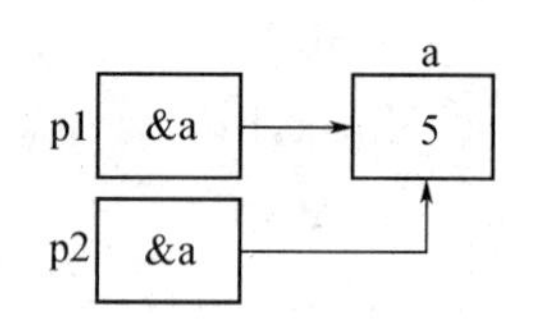

图 10.7

(3) 一个指针变量可以被赋值为0或NULL(NULL是C语言编译系统定义的宏，它代表0)，但不能被赋其他的int型值。例如：

```
int * p;
p=10;        /* 赋值非法 */
p=0;         /* 赋值合法 */
p=NULL;      /* 赋值合法 */
```

10.2.3 指针变量的引用

当指针变量被初始化或赋值后，就可以通过指针变量来间接访问它所指向的变量。C语言中定义了一个间接访问运算符“*”，通过对指针变量进行*运算，取出指针变量所指向的变量。例如，* p为指针变量p所指向的存储单元。间接访问运算符“*”的运算对象是指针表达式，所以又称为指针运算符。“*”运算符也是一元运算符，与其他的一元运算符有同样的优先级和从右到左的结合性。

[例10.2] 通过指针变量访问整型变量。

```
void main()
```

```
{
  int a=100,b=10;
  int * p1,* p2;            /* 此处指针变量定义中的"*"不是运算符 */
  p1=&a;                    /* 取变量 a 的地址赋给 p1 */
  p2=&b;                    /* 取变量 b 的地址赋给 p2 */
  printf("%d,%d\n",a,b);   /* 直接访问 a 和 b */
  printf("%d,%d\n",* p1,* p2);/* 间接访问 a 和 b */
}
```

程序运行结果为：

100,10

100,10

说明：

(1) * p1 和 a 等价，* p2 和 b 等价。

(2) a、&a、p1 和 * p1 之间的关系及 b、&b、p2 和 * p2 之间的关系如图 10.8 所示。

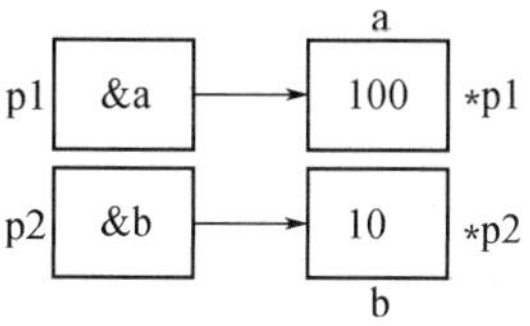

图 10.8

(3) 未初始化或赋值的指针变量不能被访问。

[例 10.3] 输入 a 和 b 两个整数，按先大后小的顺序输出 a 和 b。

```
void main()
{
  int a,b,* p1=&a,* p2,* p;
  p2=&b;
  scanf("%d,%d",&a,&b);
  if(a<b)
  {p=p1;p1=p2;p2=p;}   /* p1、p2 和 p 指针变量的类型相同，可以相互赋值 */
  printf("max=%d,min=%d\n",* p1,* p2);
}
```

运行情况如下：

5,9↙

max=9,min=5

说明：

(1) 这里仅交换了指向变量 a 和 b 的指针变量 p1 和 p2 的值，变量 a 和 b 的值没有变，见图 10.9。

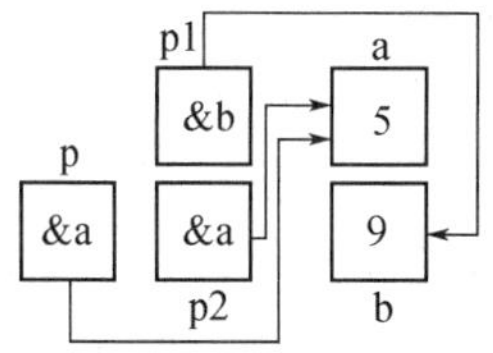

图 10.9

(2) 相同类型的指针变量可以相互赋值。

10.2.4 指针的运算

指针的运算就是地址的运算，指针运算不同于普通变量的运算，它只允许有限的几种运算。除了赋值运算外，指针运算还包括移动指针、两个相同类型指针相减和指针的比较。

1. 移动指针

可以通过将指针变量加减一个整数来移动指针。例如：

p=p+n、p=p-n、p++、p--、++p、--p 等，其中 p 是指针变量，n 是整数。

C 语言规定，一个指针变量加一个整数，并不是简单地将指针变量的原值加减这个整数，而是将该指针变量的原值加上(或减去)它所指向的变量所占内存的字节数与这个整数之积。如 p+n 代表地址计算：p+c * n，c 为指针变量 p 所指向的变量所占内存的字节数。在大多数微机 C 语言系统中，int 型变量所占内存的字节数为 2，char 型为 1，float 型为 4。

2. 两个相同类型指针相减

相同类型的指针可以相减。同一个数组中两个元素的指针相减的结果是这两个元素之间元素的个数，例如：&a[5]-&a[2]的值是 3，a 为数组名。显然，两个指针相加是没有意义的。

[例 10.4] 用指针的减法运算求字符串的长度，见图 10.10。

算法：

(1) 首先使字符指针变量 ps 指向字符串的第一个字符。

(2) 当 ps 没有指向字符串的末尾时，移动指针 ps。

(3) 最后通过两个指针变量的差 ps-str 来计算出字符串字符的个数。

```
void main()
{
  char str[]="computer";
  char * ps=str;
  while( * ps! ='\0')
    ps++;
  printf("length of string=%d\n",ps-str);
}
```

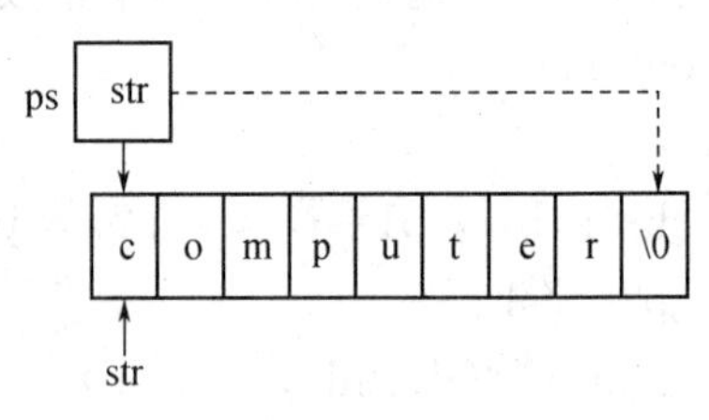

图 10.10

程序运行结果为：

length of string=8

3. 指针的比较

两个相同类型的指针，或者一个指针和一个地址变量之间可以进行比较(包括>、>=、<、<=、==、!=)，比较的结果反映出两个地址之间的前后关系。可以用指针变量 p==0 或 p! =0 来判断指针变量 p 是否为一空指针。例如：

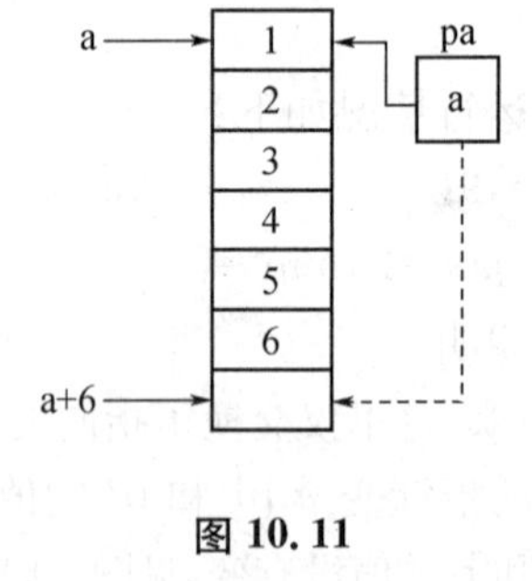

图 10.11

```
void main()
{
int a[]={1,2,3,4,5,6};
int * pa;
for(pa=a;pa<a+6;pa++)
```

```
printf("%d ", * pa);
}
```

语句 pa<a+6;判断指针变量 pa 的值是否超过指针 a+6,见图 10.11。

10.3　数组与指针

数组是相同类型数据的有序集合,C 语言规定只能逐个引用数组中的元素。前面我们已经讲述了数组元素的下标法,本节我们将介绍数组元素另外一种表示方法:指针法。在程序中用指针法表示数组中的元素,其编译效率比用下标法要高。

10.3.1　数组名是指针常量

在用下标法访问数组元素的时候,我们已经用到了数组名。例如 a[2],表示数组 a 的第 3 个元素。在这个表达式中,数组名表示什么呢?

在 C 语言中,几乎在所有使用数组名的表达式中,数组名是一个指针常量,也就是数组第 1 个元素的地址。它的类型取决于数组元素的类型。例如,如果数组元素是 int 型的,那么数组名的类型就是指向 int 型的指针常量。

指针常量和指针变量的区别就是常量和变量的区别。指针常量在程序中的值不可以改变,而指针变量的值是可以改变的。例如:

```
int a[10], * pa;
pa=a;
```

其中,a 是数组名,在这里是一个指向 int 型的指针常量,其值为数组 a 的第 1 个元素的地址,即与 &a[0]相同。pa 是一个 int 型指针变量,通过第二条语句将 a 的值赋给 pa。

对指针变量来说,下面的运算是合法的:

```
pa++,pa--,pa=pa+4,pa=pa-2
```

而对常量指针 a 来说,下面的运算是非法的:

```
a++,a--,a=a+3,a=a-2
```

最后需要说明的是:用数组名作为 sizeof 运算符的操作数时,返回整个数组的长度,而不是数组名这个指针常量的长度。以上例中定义的数组 a 为例:sizeof(a)的值为 20,而不是 2。

10.3.2　指向数组元素的指针变量

定义一个指向数组元素的指针变量的方法,与以前介绍的定义一个指向变量的指针变量的方法相同,但必须注意的是,其类型必须与数组的数据类型一致。例如:

```
int a[5]={1,3,5,7,9};
int * pa;   /* 数组为 int 型,因此指针变量也应指向 int 型 */
```

这里定义的指针变量 pa 可以指向数组 a 的任何一个元素,只要把该元素的指针赋给它就可以了,请看下面的实例:

```
pa=a;   /* 等价于 pa=&a[0]; */
pa=a+2;   /* 等价于 pa=&a[2]; */
```

第1条语句是使指针变量pa指向数组的第1个元素a[0]，见图10.12；第2条语句是使指针变量pa指向数组的第3个元素a[2]。可以在定义指针变量时对它进行初始化。例如：

int * pa=a;

它等价于：

int * pa;

pa=a;

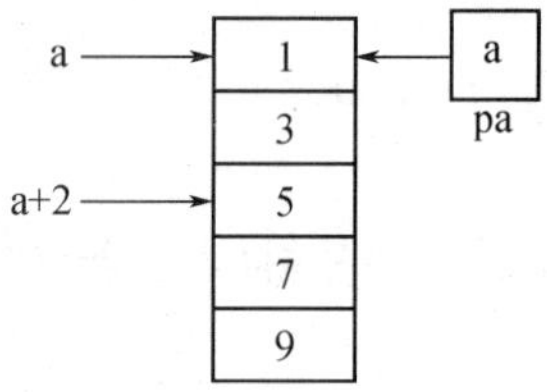

当然也可以这样定义：

int * pa=&a[0];

它的作用是将数组a的第1个元素的地址赋给指针变量pa。

图 10.12

10.3.3　通过指针引用数组元素

第7章介绍了用下标法来访问数组的元素，如a[i]。学习了指针后，可以用指针法来访问数组的元素。例如：

int a[10]={1,3,5,7,9,11,13,15,17,19};

定义了一个长度为10的int型数组a。这个数组的10个元素的指针可以表示为a+i或&a[i]（其中i=0,1,2,…,9），见图10.13。

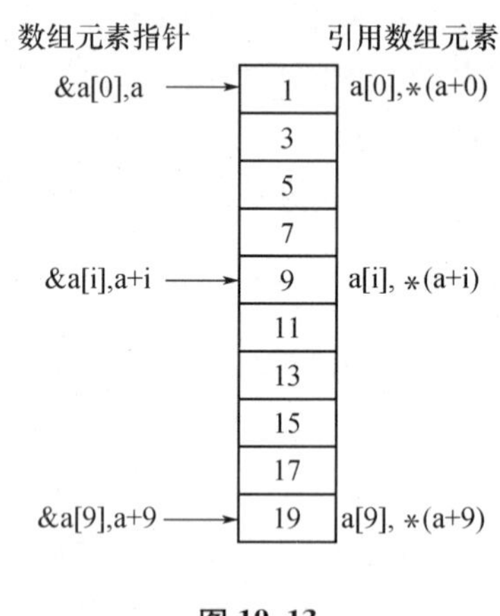

图 10.13

这样就可以通过数组元素的指针来引用数组中的元素，即指针法。表示形式为：

*(a+i)（其中i=0,1,2,……,9）

例如：*(a+1)表示a[1]，*(a+6)表示a[6]。

其实，下标运算符“[]”实际上是变址运算符，在编译时，a[i]被处理成*(a+i)，即将a的值加上相对偏移量得到要找元素的地址，然后找出该单元的内容。用*(a+i)和a[i]这两种形式来引用数组中的元素是等价的，见图10.13。

下面讨论通过指向数组元素的指针变量来引用数组中的元素，例如：

int a[10]={1,3,5,7,9,11,13,15,17,19};

int * pa=a+2;

这里定义了一个指针变量pa，该指针变量指向了数组a的第3个元素，见图10.14。请看涉及pa的表达式的意思。

pa表示a+2或&a[2]。

* pa表示a[2]或*(a+2)。

pa[1]表示*(pa+1)，也就是*(a+2+1)等于*(a+3)，即a[3]。指向数组的指针变量可以使用下标运算符操作。

pa[-1]表示*(pa+(-1))，也就是*(a+2+(-1))等于*(a+1)，即a[1]。

pa++即pa=pa+1，表示将指针变量pa指向下一个元素a[3]。

&pa表示取指针变量pa的地址，与数组元素的指针无关。

*(pa+3) 表示 *(a+5)，即 a[5]。

* pa+3 表示 a[2]+3。

从这些表达式中可以知道用数组名和用指针变量引用数组元素的区别。

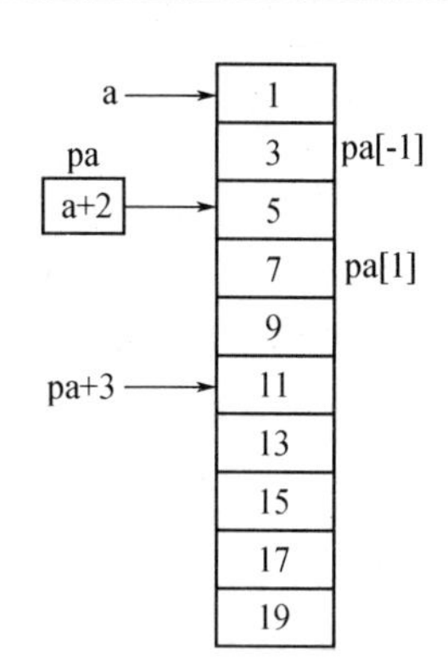

图 10.14

[例 10.5]　输出数组中的全部元素。

假设一个整型数组 a 有 10 个元素，要输出各元素的值有三种方法：

(1) 下标法

```
void main()
{
  int a[10]={1,2,3,4,5,6,7,8,9,10};
  int i;
  for(i=0;i<10;i++)
    printf("%d ",a[i]);
}
```

(2) 指针法

```
void main()
{
  int a[10]={1,2,3,4,5,6,7,8,9,10};
  int i;
  for(i=0;i<10;i++)
    printf("%d ", *(a+i));
}
```

(3) 通过指向数组元素的指针变量引用数组中的元素

```
void main()
{
  int a[10]={1,2,3,4,5,6,7,8,9,10};
  int * pa;
  for(pa=a;pa<a+10;pa++)
    printf("%d ", * pa);
}
```

在此循环中，指针变量 pa 的值发生了变化，每次循环都自增 1，指针变量 pa 指向下一个数组元素。

对三种方法的比较：

(1) 下标法和指针方法执行效率是相同的。C 语言编译系统是将 a[i]转换为 *(a+i)来处理。

(2) 第三种方法比下标法、指针法运行速度快，用指针变量直接指向元素，不必每次重新计算地址，像 pa++这样的操作是比较快的。

(3) 用下标法比较直观，能直接知道是第几个元素。

10.3.4　多维数组与指针

在C语言中,多维数组是一种特殊的一维数组,例如,二维数组是以一维数组为数组元素的一维数组;三维数组是以二维数组为元素的一维数组。因此,我们可以借助一维数组与指针的知识来研究多维数组。下面以二维数组为例介绍多维数组的指针变量。

1. 二维数组元素的指针

假设有一个二维数组 a,它有 3 行 4 列。它的定义为:

int a[3][4]={{1,2,3,4},{5,6,7,8},{9,10,11,12}};

这里定义的数组 a 可以看作是一个一维数组,数组名为 a,它有三个元素为:a[0]、a[1]、a[2]。每个元素又都是一个一维数组,例如第一个元素的一维数组名是 a[0],它的四个元素为:a[0][0]、a[0][1]、a[0][2]、a[0][3],见图 10.15。

首先,a 为二维数组的数组名,是一个指针常量,它指向的是二维数组的第一个元素a[0],即指向一个包含 4 个元素的一维数组,也就是二维数组的一行,所以称这类指针为行指针。同样,a+1 和 a+2 分别是指向一个 4 个元素的一维数组 a[1]和 a[2]。

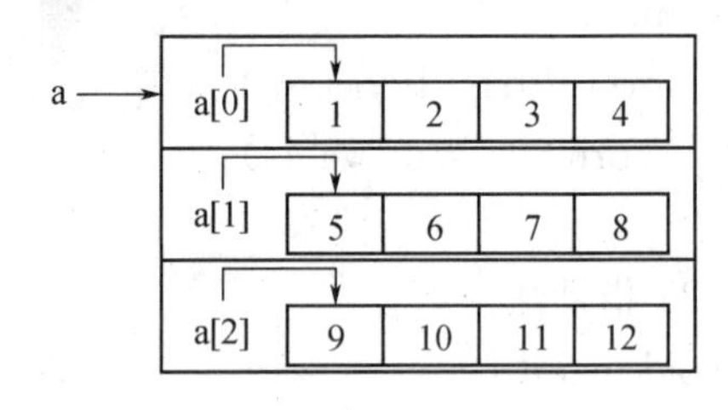

图 10.15

其次,a[0]、a[1]、a[2]是一维数组名,数组名代表数组首元素的地址,因此 a[0]代表一维数组 a[0]的首元素 a[0][0]的地址,即 &a[0][0],也就是说 a[0]指向第一行的首元素。同样,a[1]指向第二行的首元素,a[2]指向第三行的首元素,这类指针指向二维数组的每一个元素,所以称这类指针为列指针,见图 10.15。根据指针运算意义可以得到列指针的两个通式:

(1) a[i]+j 是 a[i][j]的地址(i 为行下标,j 为列下标)。

(2) a[0]+i * N+j 也是 a[i][j]的地址(i 为行下标,j 为列下标,N 为二维数组的列数)。

下面来讨论二维数组与两类指针的关系。考虑 a[i]的双重身份:一方面 a[i]是二维数组这个特殊一维数组的一个元素,它的指针可以表示为 &a[i];另一方面 a[i]又是这一行一维数组的数组名,是这个一维数组首元素的指针。这就告诉我们,把这行第一个元素指针进行 & 运算,就得到这行的行指针;反过来,把行指针进行 * 运算,就得到这行第一个元素的指针,即 a+i 为行指针,*(a+i)为这行首元素的指针。

从上面的分析中,我们可以得到二维数组元素 a[i][j]的指针表示:

(1) *(*(a+i)+j)

(2) *(a[i]+j)

(3) (*(a+i))[j]

(4) *(a[0]+N * i+j)

以上表达式中,i 为行下标,j 为列下标,N 为二维数组的列数,上例中 N 等于 4。

[例 10.6]　分析程序的输出结果,熟悉二维数组元素的表示方法。

```
void main()
```

```
{
  int a[3][4]={1,2,3,4,5,6,7,8,9,10,11,12},i,j;
  i=1;
  j=2;
  printf("a[%d][%d]=%d\n",i,j,a[i][j]);
    printf("*(*(a+%d)+%d)=%d\n",i,j,*(*(a+i)+j));
    printf("*(a[%d]+%d)=%d\n",i,j,*(a[i]+j));
    printf("(*(a+%d))[%d]=%d\n",i,j,(*(a+i))[j]);
  printf("*(a[0]+4*%d+%d)=%d\n",i,j,*(a[0]+4*i+j));
}
```

程序输出结果为：

```
a[1][2]=7
*(*(a+1)+2)=7
*(a[1]+2)=7
(*(a+1))[2]=7
*(a[0]+4*1+2)=7
```

程序分析：

(1) 从程序结果可以看出，这五种引用二维数组元素的方法是等价的。

(2) 当i为0、j也为0时，*(*(a+i)+j)就变为*(*a)，即**a，但这里a不是二级指针，关于二级指针的知识在本章第6节介绍。

2. 指向二维数组元素的指针变量

二维数组有两种不同类型的指针，所以我们要定义两种不同类型的指针变量来存放相应指针。

(1) 指向二维数组元素的指针变量

定义指向二维数组元素的指针变量与以前介绍的定义一个指向变量的指针变量相同，但必须注意的是，基类型必须与数组的数据类型一致。例如：

```
int a[3][4]={{1,2,3,4},{5,6,7,8},{9,10,11,12}};
int * pa;/*数组为int型，则指针变量也应指向int型*/
```

这里定义的指针变量pa可以指向数组a的任何一个元素，只要把该元素的指针赋给它就可以了，请看下面的实例：

```
pa=&a[0][0];  /*等价于pa=a[0];或pa=*a;*/
pa=&a[2][3];  /*等价于pa=a[2]+3;或pa=*(a+2)+3;*/
```

第一条语句是使指针变量pa指向数组的元素a[0][0]，第二条语句是使指针变量pa指向数组的元素a[2][3]。这里很容易发生这样的错误：

```
pa=a;
```

显然，指针类型不一致，a是行指针，而指针变量pa是指向数组元素的指针变量。

[例10.7] 用指针变量输出数组元素的值。

```
void main()
```

```
{
  int a[3][4]={{1,2,3,4},{5,6,7,8},{9,10,11,
12}};
    int * pa;
    for(pa=a[0];pa<a[0]+12;)
    {printf("%d ",* pa);
      pa++;
      if((pa-a[0])%4==0)
        printf("\n");
    }
}
```

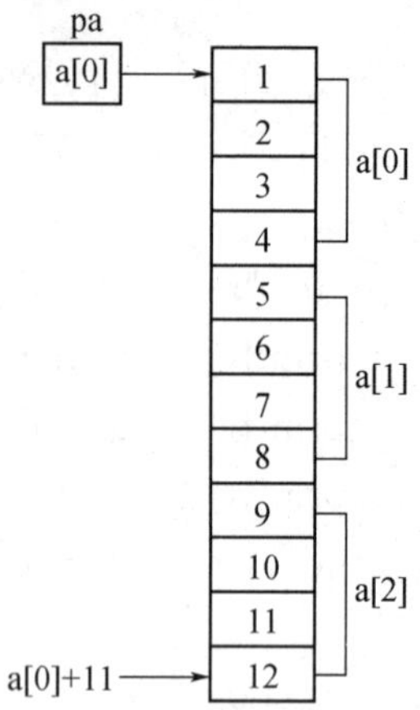

图 10.16

程序说明：

① C语言中，二维数组中的元素按行存放，即在内存中先顺序存放第一行的元素，再存放第二行的元素，依次下去，见图 10.16。

② 指针变量 pa 开始指向数组第一行的第一个元素，循环完成后，指针变量 pa 超过 a[0]+11，即它的值为 a[0]+12。

(2) 指向一维数组的指针变量

指向由 n 个元素组成的一维数组的指针变量的定义格式为：

基类型（* 指针变量名)[n];

其中指针变量名连同其前面的“ * ”一定要用括号括起来，如果丢掉括号，定义没有语法错误，但定义的是一个指针数组(指针数组的知识我们在后面的章节加以介绍)。基类型必须与指向的数组的类型一致，方括号中的 n 是一个整数，必须与指向的数组的长度一致。

例如：

```
int a[3][4]={{1,2,3,4},{5,6,7,8},{9,10,11,12}};
int (* pa)[4];
```

这里定义的指针变量 pa 可以指向二维数组 a 的任何一行，只要把该行的指针赋给它就可以了，请看下面的实例：

```
pa=a;            /* 等价于 pa=&a[0]; */
pa=&a[2];        /* 等价于 pa=a+2; */
```

第一条语句是使指针变量 pa 指向二维数组的第一行，第二条语句是使指针变量 pa 指向二维数组的第三行。注意：这里不能这样赋值：

```
pa=&a[0][0];
```

因为指针类型不一致，&a[0][0]是数组元素指针即列指针，而指针变量 pa 是行指针变量。

[例 10.8]　用指向一维数组的指针变量输出数组元素的值。

```
void main()
{
  int a[3][4]={{1,2,3,4},{5,6,7,8},{9,10,11,12}};
  int (* pa)[4],j;
```

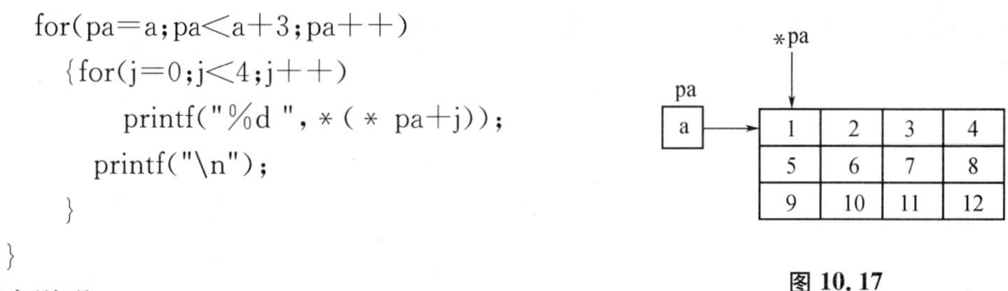

```
  for(pa=a;pa<a+3;pa++)
    {for(j=0;j<4;j++)
         printf("%d ", *( * pa+j));
       printf("\n");
    }
}
```


图 10.17

程序说明：

① 指针变量 pa 是指向一个有 4 个元素的一维数组的指针变量，见图 10.17。

② 开始指针变量 pa 的值为 a，则 * pa 就指向第一行的首元素。当外循环循环一次后，pa 的值变为 a+1，则 * pa 就指向第二行的首元素，依次下去，直到 pa 的值为 a+3 则循环结束。

10.4　字符串与指针

在 C 语言中，字符串可以用字符数组或字符指针变量来处理。

10.4.1　字符串处理方法

在第 7 章已经讨论过，C 语言不提供字符串数据类型，存储和处理字符串时要借助于字符数组。只要保证字符串是以空字符“\0”结尾，任何一维字符数组都可以用来存储字符串。字符串变量可以在定义时进行初始化。例如：

```
char str[]={'H','e','l','l','o','\0'};
```

这种初始化方法比较麻烦，C 语言提供了一种快速初始化字符数组的方法：

```
char str[]={"Hello"};
```

甚至可以把两边的花括号也省略掉：

```
char str[]="Hello";
```

这里“Hello”尽管看上去像一个字符串常量，但实际上并不是，它只是第一种初始化列表的另一种写法。编译器会把“Hello”中的字符复制到字符数组 str 中，然后追加一个空字符，从而使字符数组 str 可以作为字符串来使用，见图 10.18。

对于字符串，除了可以用数组名来引用和处理它以外，也可以用字符数组来存放，而用字符指针来处理。

[例 10.9]　输出字符串。

```
void main()
{
  char str[]="Hello", * pstr;
  pstr=str;
  printf("%s\n",str);
  printf("%s\n",pstr);
    printf("%s\n",++pstr);
}
```

图 10.18

程序输出结果：

```
Hello
Hello
ello
```

程序说明：

(1) 从程序中可以看出，用数组名和字符指针变量都可以来引用字符串。

(2) 字符指针变量可以移动，但数组名不可以。

若定义一个字符指针变量，并用字符串常量对它初始化，或者用字符串常量直接对它赋值。该字符串常量的首地址就存放在字符指针变量中。例如：

```
char * pstr="Hello";
```

等价于下面两行：

```
char * pstr;
pstr="Hello";
```

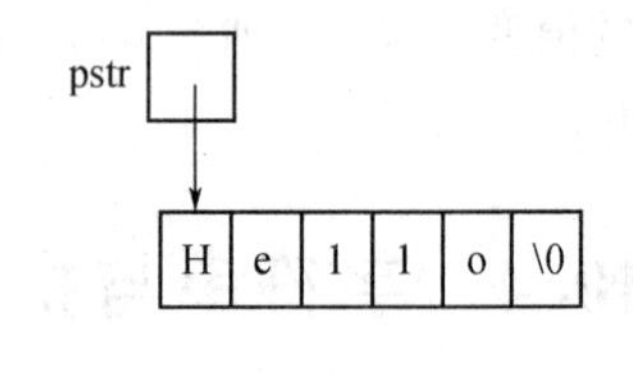

图 10.19

这里定义了一个字符指针变量 pstr，用来存放字符串常量“Hello”的首地址，而不是将字符串常量“Hello”放在字符指针变量 pstr 中，见图 10.19。

[例 10.10]　从给定的字符串“Hello world”中取出子字符串“world”。

```
void main()
{
   char * pstr="Hello world";
   pstr=pstr+6;
   printf("%s\n",pstr);
}
```

运行结果为：

```
world
```

10.4.2　使用字符指针变量和使用字符数组处理字符串的比较

虽然字符数组和字符指针变量都能实现字符串的处理，但它们之间是有区别的，不能混为一谈。如果需要修改字符串，那么只能定义字符数组来存储字符串。

[例 10.11]　将字符串 a 复制到字符串 b 中。

分析：字符串 b 是复制值，是字符串，所以必须定义为字符指针数组；而字符串 a 的值不会变，所以可以采用两种方式来定义。

方法 1：

```
void main()
{
char * a="hello world!",b[20];
int i;
for(i=0; *(a+i)! ='\0';i++)
   *(b+i)= *(a+i);
```

```
*(b+i)='\0';
printf("string a is:%s\n",a);
printf("string a is:%s\n",b);
}
```

方法2:

```
void main()
{
char a[]="hello world!",b[20];
int i;
for(i=0;*(a+i)!='\0';i++)
    *(b+i)=*(a+i);
*(b+i)='\0';
printf("string a is:%s\n",a);
printf("string a is:%s\n",b);
}
```

两种方法比较:

(1) 字符数组是将字符串中的每一个字符存放在数组的元素中,而字符指针变量中存放的是字符串的首地址,而不是将字符串放到字符指针变量中。

(2) 初始化形式一样,但意义不一样。

```
char * a="hello world!";
```

等价于

```
char * a;
a="hello world!";
```

而对字符数组的初始化:

```
char a[20]="hello world!";
```

不能等价于

```
char a[20];
a[20]="hello world!";
```

(3) 赋值方式不一样,字符数组不能整体赋值,但字符指针变量是一个变量,所以可以整体赋值。例如:

```
char a[20];
a="hello world!";
```

是错误的,但

```
char * a;
a="hello world!";
```

是正确的。

(4) 如果定义一个字符数组,在编译时为它分配内存单元,用来存放字符串中的字符和字符串结束标志;而定义一个字符指针变量,在编译时只给字符指针变量分配内存单元,而不为字符串分配空间。例如:

```
char str[20];
scanf("%s",str);
```

是可以的,而用下面的方法:

```
char * p;
scanf("%s",p);
```

目的是为了输入一个字符串,编译时程序能够通过,但运行时会出问题。如果把字符指针变量和字符数组联合起来使用又可以,如:

```
char str[20], * p;
p=str;
scanf("%s",p);
```

因此,不管使用哪种方式来处理字符串,一定要谨慎小心。

10.5　函数与指针

10.5.1　指针变量作为函数的参数

函数的参数不仅可以是整型、实型、字符型等数据,还可以是指针类型。指针类型参数的作用是将一个变量的地址传递到另一个函数的参数中。指针变量作函数参数主要有以下几个用途:

1. 允许函数操作其调用程序的数据

C语言规定,实参变量对形参变量的数据传递是单向值传递,把一个简单变量从一个函数传递到另一个函数时,该函数就得到了一个调用值的副本。在函数的语句中给参数赋一个新值会改变参数在这个函数中的局部副本,但不会影响调用参数。例如:

```
void setzero(int var)
{
  var=0;
}
void main()
{
  int a=5;
  setzero(a);
  printf("a=%d\n",a);
}
```

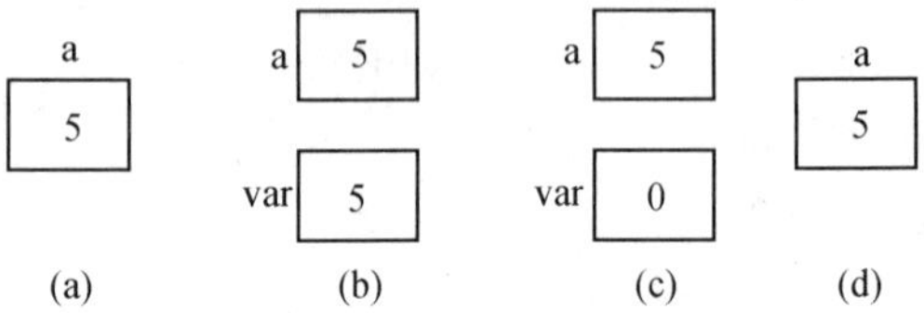

(a)	(b)	(c)	(d)
a: 5	a: 5, var: 5	a: 5, var: 0	a: 5

图 10.20

运行结果为:

a=5

这个结果告诉我们,setzero 函数没有改变变量 a 的值。

程序分析:程序运行时,首先执行 main 函数,变量 a 被分配内存并被初始化为 5,见图 10.20(a);在调用 setzero 函数时,将变量 a 的值的副本传递给形参 var,因此虚实结合后形参 var 的值为 5,见图 10.20 (b);接着执行 setzero 函数的函数体,把 var 的值赋为 0,见图

10.20 (c) ;函数调用结束后,形参变量 var 不复存在,变量 a 的值没有改变,见图 10.20 (d) 。

解决这个问题的方法之一就是用指针变量作为函数的参数,在函数调用时,将实参的指针传递给函数的形参,使该函数在函数体内通过"间接访问"来操作其调用程序的数据。于是把上面的程序修改为:

```
void setzero(int * var)          /* 指针变量作为函数的参数 */
{
  * var=0;                       /* 通过指针变量间接访问 */
}
void main()
{
  int a=5;
  setzero(&a);                   /* 把变量 a 的指针 &a 传递给函数形参 var */
  printf("a=%d\n",a);
}
```

运行结果为:

a=0

这个结果告诉我们,setzero 函数已经改变了变量 a 的值。

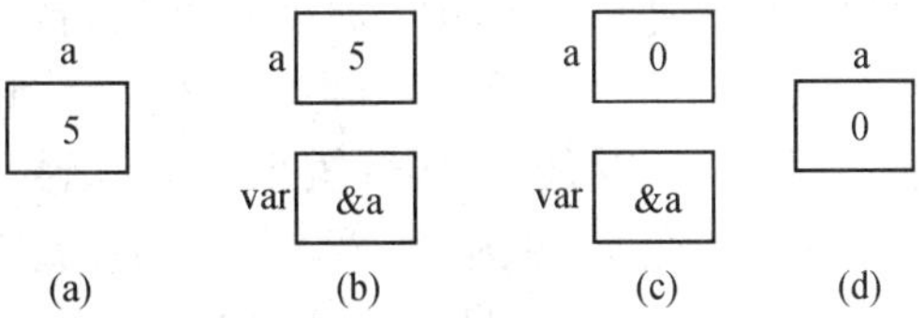

图 10.21

程序分析:setzero 函数是用户自定义的函数,作用是把变量的值赋 0,setzero 函数的参数 var 是一个指针变量。程序运行时,先执行 main 函数,变量 a 被分配内存并初始化,见图 10.21(a)。在调用 setzero 函数时,将变量 a 的指针(&a)传递给形参 var。采取的依然是值传递,只不过这个值是指针。因此虚实结合后形参 var 的值为 &a,这时指针变量 var 就指向了变量 a,见图 10.21(b) 。接着执行 setzero 函数的函数体,把 * var 的值赋为 0,也就是把变量 a 的值赋为 0,见图 10.21 (c)。函数调用结束后,指针变量不复存在,变量 a 的值已经被赋值为 0,见图 10.21(d)。最后在 main 函数中输出变量 a 的值。

按下列步骤完成用指针变量作为函数的形参:

(1) 把函数参数声明为指针变量;

(2) 在函数体内使用指针变量间接访问它所指向的对象;

(3) 当调用函数时,将实参变量的地址作为参数传递给形参指针变量。

[例 10.12] 编写一个交换两个整数的函数。

```
void swap(int * p1,int * p2)
{
  int temp;
  temp= * p1;
  * p1= * p2;
  * p2=temp;
}
```

```
void main()
{
  int a=5,b=9;
  swap(&a,&b);
printf("a=%d,b=%d\n",a,b);
}
```

运行结果为：

a=9,b=5

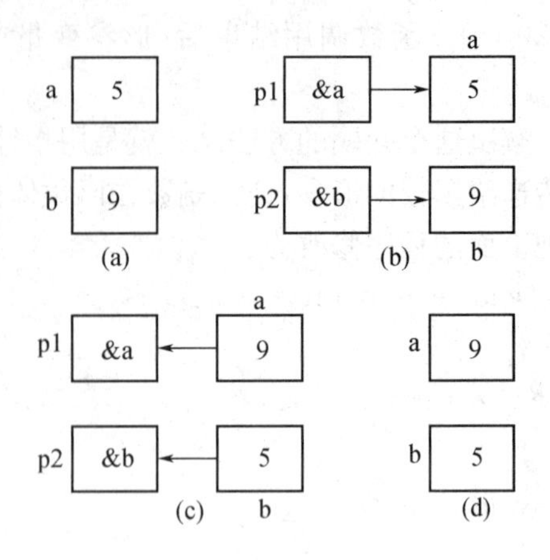

图 10.22

对程序的分析：swap 函数是用户自定义的函数，它的作用是交换两个整数的值，为了达到这个目的，swap 函数的两个形参 p1、p2 必须定义为一个指针变量。程序运行时，先执行 main 函数，变量 a 和 b 被分配内存并初始化，见图 10.22 (a)。在调用 swap 函数时，将变量 a 的指针(&a)传递给形参 p1，将变量 b 的指针(&b)传递给形参 p2。虚实结合后形参 p1 的值为 &a，这时指针变量 p1 就指向了变量 a，形参 p2 的值为 &b，这时指针变量 p2 就指向了变量 b，见图 10.22(b)。接着执行 swap 函数的函数体，把 * p1 和 * p2 交换，也就是把变量 a 和 b 的值交换，见图 10.22 (c)。函数调用结束后，指针变量 p1 和 p2 不复存在，变量 a 和 b 的值已经被交换，见图 10.22 (d)。最后在 main 函数中输出变量 a 和 b 的值。

在编写 swap 函数的时候，很容易犯下面的错误：

第一种错误：

```
void swap(int * p1,int * p2)
{
  int * temp;
  temp=p1;
  p1=p2;
  p2=temp;
}
```

这里没有语法错误，但交换的只是指针变量 p1 和 p2 的值，它们所指向的对象的值不会变。

第二种错误：

```
void swap(int * p1,int * p2)
{
  int * temp;
  temp= * p1;        /* 类型不一致 */
  * p1= * p2;
  * p2=temp;
}
```

这里有语法错误，不能将 * p1(也就是它所指向的对象)的 int 型值赋给指针变量 p1。

2. 函数返回多个结果

当一个函数需要给调用程序返回单个值时，可以把单个值作为函数本身的值返回，用return语句来实现。如果需要从一个函数返回多个结果时，返回值就不再适合了。可以通过设置全局变量的方法，增加数据的传送通道。但在函数中使用全局变量编程，会降低程序的通用性、清晰性。为此，我们可以用指针变量作为函数的形参返回多个结果。

［例10.13］ 编写一函数，找出一整型数组中的最大数和最小数。

```
void findmaxmin(int arr[],int n,int * max,int * min)
{
  int t1,t2,i;
  t1=t2=arr[0];
  for(i=1;i<n;i++)
  {
    if(arr[i]>t1)
      t1=arr[i];
    if(arr[i]<t2)
      t2=arr[i];
  }
    * max=t1;
    * min=t2;
}
void main()
{
  int array[]={1,2,3,8,6,4,6},a,b;
  findmaxmin(array,7,&a,&b);
  printf("max=%d,min=%d\n",a,b);
}
```

运行结果：

```
max=8,min=1
```

此例中，函数findmaxmin通过参数max和min来返回数组中的最大值和最小值。

10.5.2 数组名与指向数组的指针变量作为函数参数

用数组名作为函数的参数在第8章介绍过。实参数组名代表该数组首元素的地址，而形参是用来接收从实参传递过来的数组首元素地址，因此形参应该是一个指针变量(只有指针变量才能存放地址)。实际上，C语言编译系统都是将形参数组名作为指针变量来处理的。如果数组是一维数组，则按指向数组元素的指针来处理；如果数组是二维数组，则按指向由m个元素的一维数组的指针变量来处理。例如，函数f的形参写成一维数组的形式：

```
f(int arr[],int n)
```

但在编译时则将一维数组名arr按指针变量处理，相当于将函数f的首部写成

```
f(int * arr,int n)
```

以上两种写法是等价的。在调用该函数时，系统会建立一个指针变量 arr，用来存放从主调函数传递过来的实参数组首元素的地址。同样的道理：

f(int arr[][3],int n)与 f(int (* arr)[3],int n)

两种写法也是等价的。

[例 10.14]　将数组 a 中 n 个整数按相反顺序存放。

程序算法分析见图 10.23。

(1) 设置三个变量 i、j、m，初始化 i=0，j=n−1，m=n/2。

(2) 将 a[i]和 a[j]的值交换，然后使 i=i+1。

(3) 当 i 的值小于 m 的值就转到(2)，直到 i 的值等于 m 的值为止。

```
void inverse(int x[],int n)
{
  int temp,i,j,m=n/2;
  for(i=0;i<m;i++)
  {
    j=n-1-i;
    temp=x[i];x[i]=x[j];x[j]=temp;
  }
}
void print(int x[],int n)
{
  int i;
  for(i=0;i<n;i++)
    printf("%d ",x[i]);
  printf("\n");
}
main()
{
  int a[10]={0,1,2,3,4,5,6,7,8,9};
  print(a,10);
  inverse(a,10);
  print(a,10);
}
```

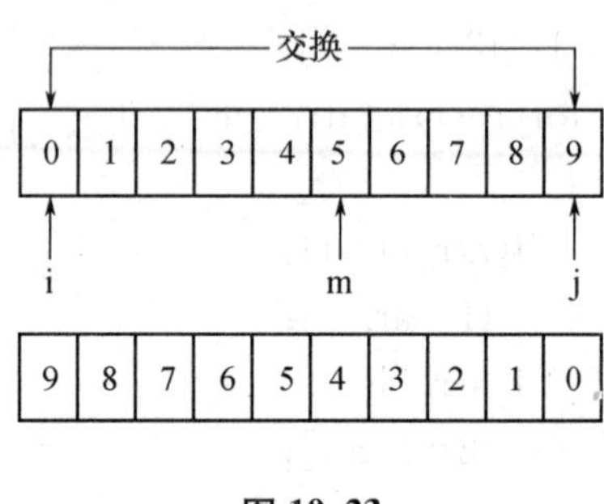

图 10.23

输出结果为：

0　1　2　3　4　5　6　7　8　9

9　8　7　6　5　4　3　2　1　0

在程序中，形参和实参都为数组名，这种情况我们在第 8 章讨论过。对这个程序可以作如下改动：

```
void inverse(int * x,int n)
```

```
{
  int * p,temp,* y,m=n/2;
  y=x+n-1;p=x+m;
  for(;x<p;x++,y--)
  {
    temp=* x;* x=* y;* y=temp;
  }
}
void print(int x[],int n)
{
  int i;
  for(i=0;i<n;i++)
  printf("%d ",x[i]);
  printf("\n");
}
void main()
{
  int a[10]={0,1,2,3,4,5,6,7,8,9},* p;
  p=a;
  print(p,10);
  inverse(p,10);
  print(p,10);
}
```

输出结果为：

```
0 1 2 3 4 5 6 7 8 9
9 8 7 6 5 4 3 2 1 0
```

程序运行的结果与前一程序相同。在此程序中，形参为指针变量，实参也为指针变量。

以上两个程序给出了 inverse 函数实现的两种方法，也给出了在 main 函数中调用 inverse函数的两种方法。把 inverse 函数实现和在 main 函数中调用 inverse 函数进行重新组合，就可以得到形参与实参的另外两种对应关系：实参用数组名，形参用指针变量；实参为指针变量，形参为数组名。

归纳起来，如果有一个实参数组，想在函数中改变此数组元素的值，实参与形参对应关系有以下四种情况：

(1) 形参和实参都用数组名。

(2) 实参用数组名，形参用指针变量。

(3) 实参形参都用指针变量。

(4) 实参为指针变量，形参为数组名。

下面以一个实例来看看多维数组作为形参的情况。

[例 10.15]　一个班有 3 个学生,各学 4 门课程,求第 n 个学生的成绩。

```
void search(int arr[][4],int n)
{
  int i;
  printf("the score of No. %d are:",n);
  for(i=0;i<4;i++)
  printf("%d ",arr[n][i]);
}
void main()
{ int n=1;
  int score[3][4]={{60,70,80,90},{65,75,85,95},{72,82,92,98}};
  search(score,n);
}
```

用指向 m 个元素组成的一维数组的指针变量来作为函数的形参,如下:

```
void search(int ( * arr)[4],int n)
{
  int i;
  printf("the score of No. %d are:",n);
  arr=arr+n;
  for(i=0;i<4;i++)
  printf("%d ", * ( * arr+i));
}
void main()
{
int score[3][4]={{60,70,80,90},{65,75,85,95},{72,82,92,98}};
search(score,1);
}
```

提醒读者注意的是:当数组名作为函数的参数时,由于它的本质是一个指针变量,所以在函数执行期间,它可以再次被赋值。例如,把 search 函数改成以下形式也是正确的。

```
void search(int arr[][4],int n)
{
  int i;
  printf("the score of No. %d are:",n);
  arr=arr+n;
  for(i=0;i<4;i++)
  printf("%d ", * ( * arr+i));
}
```

10.5.3　字符指针作为函数参数

将一个字符串从一个函数传递到另一个函数，可以用地址传递的方法，即用字符数组名作参数或用指向字符的指针变量作参数。在被调用的函数中可以改变字符串的内容，在主调函数中可以得到改变过的字符串。这种方法只是前两节内容在字符串方面的应用，在此不再作详细讨论。

[例 10.16]　用函数调用实现字符串的复制。

(1) 用字符数组作参数

```
void copystring(char from[],char to[])
{
   int i=0;
   while(from[i]! ='\0')
   {
      to[i]=from[i];
      i++;
   }
   to[i]='\0';   /* 这条语句不能少! */
}
void main()
{
      char a[]="hello world!",b[20];
      copystring(a,b);
      printf("%s\n",b);
}
```

(2) 用字符指针变量作参数

```
void copystring(char * from,char * to)
{
   for(; * from! ='\0';from++,to++)
   * to= * from;
   * to='\0';
}
   void main()
{
   char * a="hello world!",b[20];
   copystring(a,b);
   printf("%s\n",b);
}
```

在此要提醒大家的是：目标字符串在定义时，必须用字符数组来处理。如果 main 函数采用如下实现方法，就会发生错误。

```
main()
```

```
{
    char * a="hello world!", * b="how are you!";
    copystring(a,b);
    printf("%s\n",b);
}
```

程序编译没有错误,但在运行时会出现错误。请读者根据字符串的知识,找出错误的原因。

10.5.4　函数指针的基本概念

1. 函数的指针

函数虽然不是变量,但函数在编译时被分配了一个入口地址,该函数就占用从这个入口地址开始的一段连续的内存区,这个入口地址就称为函数的指针。和数组名代表数组的起始地址一样,函数名代表该函数的入口地址,如图 10.24 所示。

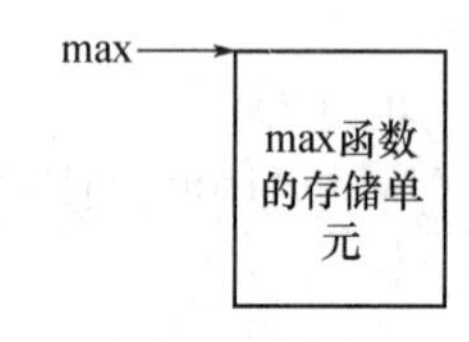

图 10.24

2. 指向函数的指针变量

定义指向函数的指针变量的一般形式为:

数据类型 (* 指针变量名)();

说明:

(1) 这里的"数据类型"是指函数返回值的类型。

(2) " * 指针变量名"两边的括号不能丢掉,丢掉了就变成了返回值为指针的函数声明。

(3) 最后的空括号"()"表示指针变量所指的是一个函数。例如:

int (* pf)();

表示 pf 是一个指向函数的指针变量,被指向的函数的参数个数与类型不限定,只要该函数的返回值为整型就行。如果希望与函数原型相对应,也可以如下定义指向函数的指针变量:

数据类型 (* 指针变量名)(参数类型说明);

在该定义方式中,指针变量所指向的函数的参数个数与类型需要明确指定,例如:

float (* pf)(int,int);

3. 用指向函数的指针变量调用函数

用指向函数的指针变量调用函数时,只需将(* 指针变量名)代替函数名即可。

[例 10.17]　求 a 和 b 中的较大者。

```
void main()
{
int max(int,int);
  int a,b,c;
  int ( * pf)(int,int);
  pf=max;
  scanf("%d,%d",&a,&b);
```

```
    c=max(a,b);            /* 用函数名调用函数 */
    printf("a=%d,b=%d,max=%d\n",a,b,c);
    c=(* pf)(a,b);         /* 用指向函数的指针变量调用函数 */
    printf("a=%d,b=%d,max=%d\n",a,b,c);
}
int max(int x,int y)
{
    int z;
    if(x>y)
    z=x;
    else
    z=y;
    return z;
}
```

图 10.25

程序分析：首先定义一个指向函数的指针变量 pf；然后将函数指针 max 赋给它，这样指向函数的指针变量就指向了 max 函数，如图 10.25 所示；最后用(* pf)来调用 max 函数。

10.5.5 用指向函数的指针作为函数参数

用指向函数的指针作函数的参数，可以实现函数入口地址的传递，即把函数名传递给函数的形参，从而可以间接访问该函数。下面通过一个实例来说明函数指针作为参数的用法。

[例 10.18] 用函数指针把两个整数的各种运算函数传递给同一个函数。

```
int oper(int x,int y,int (* pf)(int,int))
{
    return (* pf)(x,y);
}
int add(int a,int b)           /* 加法运算函数 */
{return a+b;}
int sub(int a,int b)           /* 减法运算函数 */
{return a-b;}
int mul(int a,int b)           /* 乘法运算函数 */
{return a * b;}
int div(int a,int b)           /*除法运算函数 */
{if(! b)
    return 0;
else
    return a/b;
}
int mod(int a,int b)           /* 求余运算函数 */
{if(! b)
```

```
    return 0;
  else
    return a%b;}
  void main()
  {
    int a=3,b=4,i,result[5];
    char s[]="+-*/%";
    result[0]=oper(a,b,add);
    result[1]=oper(a,b,sub);
    result[2]=oper(a,b,mul);
    result[3]=oper(a,b,div);
    result[4]=oper(a,b,mod);
    for(i=0;i<5;i++)
      printf("(%d) %d %c %d=%d\n",i+1,a,s[i],b,result[i]);
  }
```

运行情况如下：

```
(1) 3  +  4=7
(2) 3  -  4=-1
(3) 3  *  4=12
(4) 3  /  4=0
(5) 3  %  4=3
```

程序说明:oper 函数以指向函数的指针变量作为形参。在调用 oper 函数时,将函数的指针(函数名)作为实参传给形参 pf,通过虚实结合后,指向函数的指针变量 pf 就指向了相应的函数。

10.5.6 返回指针值的函数

一个函数可以返回一个整型值、字符型值、实型值等,当然也可以返回指针型的数据。我们把返回值是指针的函数称为指针型函数。

指针型函数一般定义形式为:

类型名 * 函数名(参数列表)

例如:

```
int * fun(int a,int b)
{
  ....../* 函数体 */
}
```

其中 fun 是函数名,函数名前面的"*"表示函数的返回值是指针,"*"前面的 int 表示返回的指针是指向整型变量。

[例 10.19] 从 10 个整数中找出最大者,用指针型函数来实现。

```
int * findmax(int arr[],int n)
```

```
{
  int * p,i;
  p=arr;
  for(i=1;i<n;i++)
    if(* p<arr[i])
      p=arr+i;
  return p;
}
void  main()
{
  int a[10]={1,3,4,2,8,9,5,88,9,66}, * max;
  max=findmax(a,10);
  printf("max=%d\n", * max);
}
```

运行结果为:

max=88

程序说明:这里的 findmax 函数返回的是一个指向 int 型的指针变量,所以必须定义一个指向 int 型的指针变量 max 来存放它的返回值。

必须注意的是:不要返回函数中动态局部变量的指针,例如,如果把 findmax 函数改为:

```
int * findmax(int arr[],int n)
{
  int p,i;
  p= * arr;
  for(i=1;i<n;i++)
  if(p<arr[i])
    p=arr[i];
  return &p;
}
```

程序编译时就会出现一个警告,运行则出现错误。但如果把变量定义为静态局部变量,比如,static int p;就没有什么问题。

一般指针型函数的返回值可以是数组名、字符串指针,这样也可以达到返回多个值的目的。

[例 10.20] 一个班有 3 个学生,各学 4 门课程,求第 n 个学生的成绩。用指针型函数来实现。

```
int * search(int arr[][4],int n)
{
  int * pt;
  pt= * (arr+n);   /* 要把行指针转换为该行第一个元素的指针 */
```

```
    return pt;
}
void main()
{
    int score[3][4]={{60,70,80,90},{65,75,85,95},{72,82,92,98}}, * p,i,n
=1;
    p=search(score,n);
    printf("the score of No. %d are:",n);
    for(i=0;i<4;i++)
    printf("%d ", *(p+i));
}
```

程序说明：这个程序返回指向第 n 个学生第一门课成绩的指针，然后在调用程序中通过这个指针来访问这个学生的每门课程的成绩。

10.6　指针数组和多级指针

在本章的第 4 节中我们讨论了字符串的字符数组表示形式和字符指针表示形式。相应地，对于多个字符串(字符串数组)可以用二维字符数组来处理或用字符指针数组来处理。让我们先了解一下指针数组。

10.6.1　指针数组的概念

一个数组中的元素均为指针类型数据，则称这个数组为指针数组。指针数组中的所有元素的指针类型必须相同。指针数组本身也是数组，所以它与数组的定义基本相同。一维指针数组的定义为：

类型名 *数组名[数组长度]；

例如：int * p[4];

这条语句定义了一个长度为 4 的指针数组，数组中的每个元素都是一个指针变量，都可以指向一个整型变量。注意它与定义指向 4 个元素组成的一维数组指针变量的区别，例如：

int (* p)[4];

这条语句定义了一个指针变量 p，这个指针变量可以指向一个长度为 4 的一维整型数组。

下面我们来讨论用二维字符数组和一维字符指针数组来处理多个字符串的问题，例如：

```
char str[3][10]={"Japan","China","Russian"};
char * pstr[3]={"Japan","China","Russian"};
```

第一行定义了一个二维字符数组来存放 3 个字符串，第二行定义了一个一维字符指针数组来存放字符串的指针，如图 10.26 所示。

这两种存储形式都可以用来处理多个字符串，两者的差别与字符串处理的两种表示形式的差别是一样的，这里不再赘述。

［例 10.21］　将若干字符串按字母顺序输出。

1. 用二维字符数组来处理

```
#include <string.h>
void sort(char str[][20],int n)
{
  char p[20];
  int i,j,k;
  for(i=0;i<n-1;i++)
  {k=i;
    for(j=i+1;j<n;j++)
    if(strcmp(str[j],str[k])<0)
      k=j;
  if(k! =i)
  {strcpy(p,str[i]);strcpy(str[i],str[k]);strcpy(str[k],p);}
  }
}
void print(char str[][20],int n)
{
  int i;
  for(i=0;i<n;i++)
  printf("%s\n",str[i]);
}
void main()
{
  char str[3][20]={"Japan","China","Russian"};
  sort(str,3);
  print(str,3);
}
```

图 10.26

程序说明：

(1) 在排序过程中，交换的是字符串，如果字符串比较多，交换次数多的话，执行效率会比较低。排序的前后变化如图 10.27 所示。

(2) 采取固定的长度来存储字符串，可能会浪费存储空间，如图 10.27 所示。

(3) void sort(char str[][20],int n)与 void sort(char (* str)[20],int n)等价。

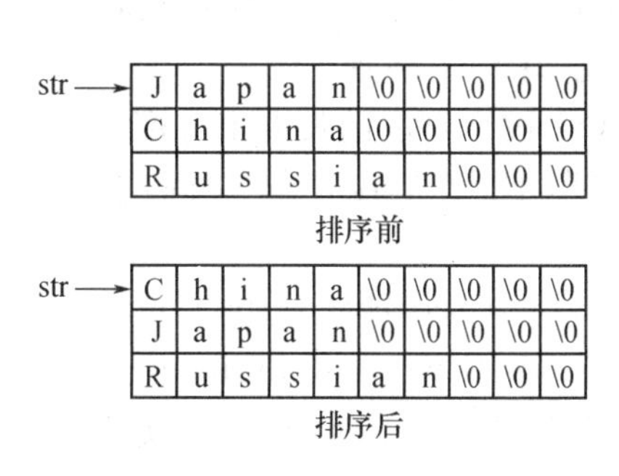

图 10.27

2. 用一维字符指针数组来处理

```
#include <string.h>
```

```
void sort(char * str[],int n)
{
  char * p;
  int i,j,k;
  for(i=0;i<n-1;i++)
  {k=i;
    for(j=i+1;j<n;j++)
    if(strcmp(str[j],str[k])<0)
      k=j;
      if(k! =i)
      {p=str[i];str[i]=str[k];str[k]=p;}
  }
}
void print(char * str[],int n)
{
    int i;
    for(i=0;i<n;i++)
    printf("%s\n",str[i]);
}
main()
{
    char * str[3]={"Japan","China","Russian"};
    sort(str,3);
    print(str,3);
}
```

程序说明：

(1) 在排序过程中，交换的是字符串的指针，字符串的存储位置不变，执行效率会比较高。排序的前后变化如图 10.28 所示。

(2) 按字符串的长度来分配存储空间，比较节省存储空间，见图 10.28。

(3) void sort(char * str[],int n)与 void sort(char * * str,int n)等价。这里出现了二级指针，其实指针数组名就是一个二级指针。

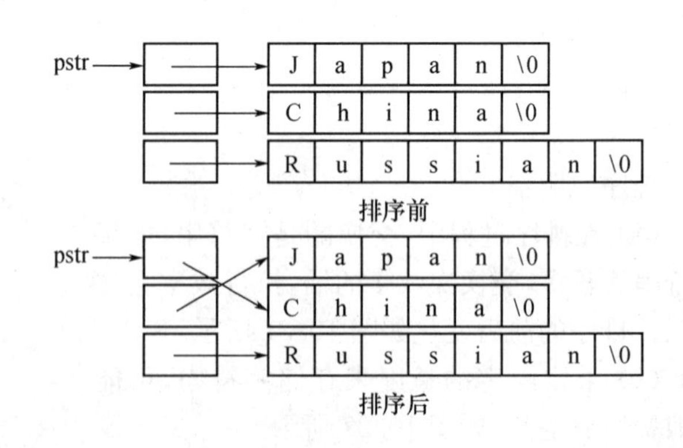

图 10.28

10.6.2　多级指针

前面介绍的指针都是一级指针，一级指针是直接指向数据对象的指针，一级指针变量中存放的是数据对象的地址，如图10.29中的变量p。二级指针是指向指针的指针，它并不直接指向数据对象，而是指向一级指针变量，二级指针变量中存放的是一级指针变量的地址，如图10.29中的变量pp。三级指针是指向指针的指针的指针，它指向的是二级指针变量，三级指针变量中存放的是二级指针变量的地址，如图10.29中的变量ppp。其他的多级指针依此类推。

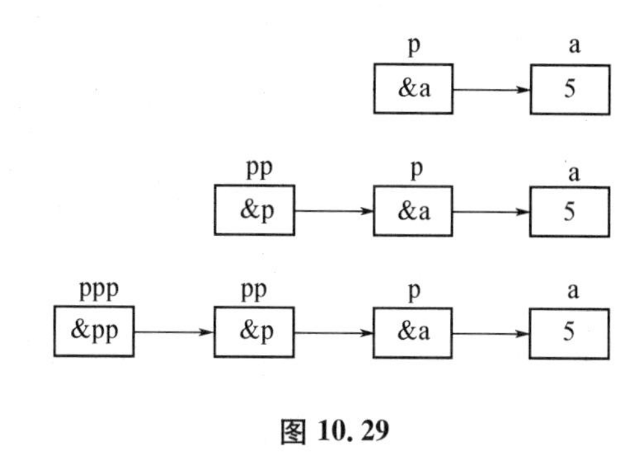

图10.29

二级指针的定义格式：

基类型 ＊＊指针变量名；

其中指针变量名前有两个“＊”，表示是一个二级指针。

例如，有以下定义：

```
int a=5, * p, * * pp;
p=&a;
pp=&p;
```

一级指针变量p存放的是变量a的地址，即它指向了变量a；二级指针变量pp存放的是一级指针变量p的地址，即它指向了一级指针变量p，如图10.29所示。所以对变量a的访问有三种形式：a、＊p和＊＊pp，三者是等价的。

这里很容易犯的错误是：

```
pp=&&a;
```

认为对变量a用两次取地址的运算，就得到了指向这个变量的二级指针。实际上，&a是变量a的地址，所以是一个常量。常量不能作取地址的运算。一般情况下，二级指针变量必须与一级指针变量联合使用才有意义，因为二级指针变量存放的是一级指针变量的地址。不能将二级指针变量指向数据对象。

[例10.22]　用二级指针变量访问一维数组。

```
void main()
{
  int num[5]={10,20,30,40,50};
  int * a[5], * * p,i;
  p=a;
  for(i=0;i<5;i++)
    a[i]=num+i;
  for(i=0;i<5;i++)
```

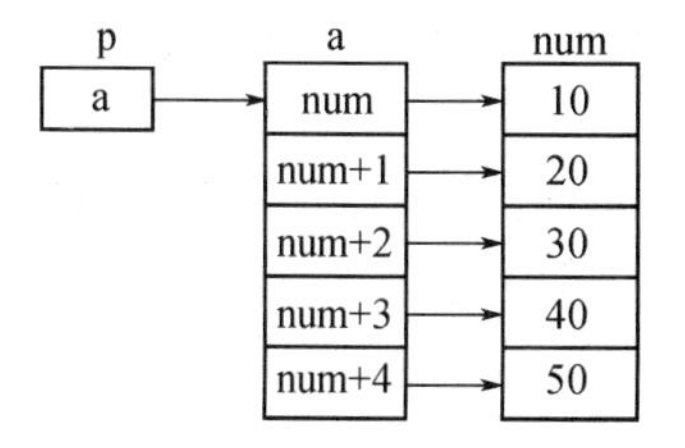

图10.30

```
        printf("%d ", * * p++);
}
```

程序说明：该程序的初始化情况如图 10.30 所示，然后通过二级指针变量的移动来访问数组 num 中的元素。

10.6.3　指针数组作 main 函数的形参

字符指针数组作 main 函数的形参是指针数组的一个重要应用。在前面用到的 main 函数一般写成：

main()

这是一个无参函数。但是，main 函数也可以有形参，其函数原型为：

main(int argc,char * argv[]);

其中，整型变量 argc 用来记录命令行参数的个数，字符型指针数组 argv 用来接收命令行的各个参数的起始地址。

通常把操作系统状态下为执行某个程序或命令而键入的一行字符称为命令行。命令行含有可执行文件名，有的还带有若干参数。命令行的一般形式为：

命令名 参数 1 参数 2 … 参数 n

命令名和各参数之间用空格分隔。命令名是 main 函数所在的文件名，例如有一个含有带参数 main 函数的 c 文件，文件名为 file1.c，程序清单为：

```
main(int argc,char * argv[])
{
  while(argc>0)
  {
    printf("%s\n", * argv++);
    argc--;
  }
}
```

图 10.31

经过编译、连接后，生成一个可执行文件 file1.exe，保存在 D 盘根目录下，然后在 DOS 命令行输入命令行参数：

file1 nan lin

按回车键后运行该程序，程序输出情况如图 10.31 所示。

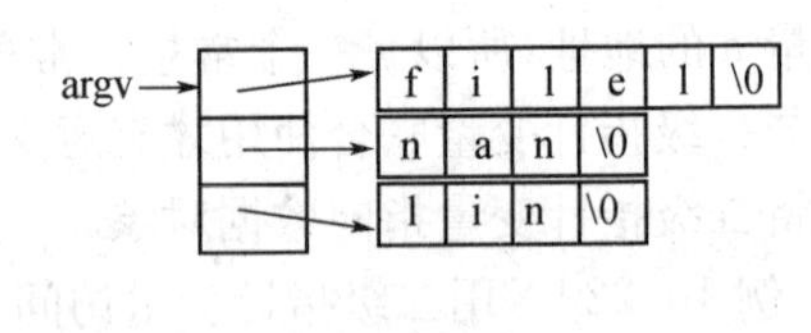

图 10.32

程序运行情况说明：DOS 操作系统首先自动计算出全部命令行参数的个数（包括命令本身，此例中命令为 file1）为 3，并保存在第一个形参 argc 中。同时，把第一个字符串“file1”的指针存放在 argv[0]中，把第二个字符串“nan”指针存放在 argv[1]中，把第三个字符串“lin”指针存放在 argv[2]中，如图 10.32 所示。

注意：argv[0]总是保存命令本身字符串的指针，所以 argc 的值总是大于等于 1。

［例 10.23］　编写 echo 回显程序。

```
main(int argc,char * argv[])
```

```
{
int i;
for(i=1;i<argc;i++)
    printf("%s%s",argv[i],(i<argc-1)?" ":"");
    printf("\n");
}
```

程序说明:从变量 i 的初始值可以知道,这个程序不会输出文件名,仅仅输出文件名后的命令行参数。

10.7 void 指针类型与动态存储分配

在第 8 章已经介绍了两种给变量分配内存空间的机制,一种是静态分配,另一种是自动分配。这两种方式都是由编译系统分配内存空间。还有第三种内存分配方式,能在需要新内存的时候得到内存,不需要内存时就显式释放这部分内存,这种在程序运行时获取新内存空间的过程称为动态分配。使用动态存储分配有它的优点:一是可以更有效地使用内存;二是同一段内存可有不同用途,使用时申请,用完就释放;三是允许建立链表等动态数据结构。

10.7.1 void 指针类型

C 语言中,指针是有类型的。例如:

```
int * p1;
char * p2;
```

指针变量 p1 是存放整型变量的指针,指针变量 p2 是存放字符型变量的指针。在调用动态内存分配函数时,可以为任何类型的值分配新的内存空间。所以必须返回一个未确定类型的"通用"指针。在 C 语言中,通用指针类型是一个指向空类型 void 的指针类型。例如:

```
void * vp;
```

可以把任何类型的指针值存入该指针变量 vp 中,但不允许用"*"运算符间接引用 vp。编译器不知道 vp 的基类型是什么,所以没有办法访问它指向的值。

ANSI C 能在指向 void 的指针类型和指向基类型的指针类型间自动进行转换,当然也可以使用强制类型来进行转换。例如,如果定义一个字符指针变量为:

```
char * cp;
```

可以用语句

```
cp=malloc(10) ;
```

将 malloc 函数的返回的通用指针值直接赋给 cp,在赋值时进行了自动类型转换,也可以用语句:

```
cp=(char *)malloc(10) ;
```

来进行强制类型转换。

10.7.2　动态内存分配函数

动态内存分配通常要用到四个函数：malloc 函数和 calloc 函数用于动态申请内存空间；realloc 函数用于重新改变已分配的动态内存的大小；free 函数用于释放不再使用的动态内存。这四个函数都定义在头文件 stdlib.h 中。

1. malloc 函数

其函数原型为：

```
void * malloc(unsigned int size);
```

该函数用来按字节数申请内存。参数 size 为 unsigned int 型，表示申请的字节数。如果申请成功，函数返回一个 void 型指针，否则返回 NULL 指针。

2. calloc 函数

其函数原型为：

```
void * calloc(unsigned n, unsigned size);
```

该函数用来按数据对象的个数申请分配内存。参数 n、size 为 unsigned int 型，n 表示数据对象的个数，size 是每个数据对象需要的存储空间字节数。如果申请成功，函数返回一个 void 型指针，否则返回 NULL 指针。

为了给指定类型的数据进行动态分配，常用 sizeof 函数确定该类型数据所占字节数。为了判定申请是否成功，通常要验证该函数的返回值是不是空指针(NULL 或 0)。

3. realloc 函数

其函数原型为：

```
void * realloc(void * p, unsigned size);
```

该函数用来对以 p 为起始地址的动态内存实施重新分配。其中，p 表示已获得的动态内存的起始地址，size 为 unsigned int 型，表示要求重新分配的空间字节数。如果申请成功，函数返回一个 void 型指针 p，否则返回 NULL 指针。重新分配区可以大于或小于原来的动态区。

4. free 函数

其函数原型为：

```
void free(void * p);
```

该函数释放以 p 为起始地址的动态内存区，函数没有返回值。

[例 10.24]　利用动态内存分配存放 n 个整数的一维数组，并求各个元素的和。

```
#include <stdlib.h>
void main()
{
  int sum,i,n, * p;
  printf("Enter the dimension of array:");
  scanf("%d",&n);
  if((p=(int *)calloc(n,sizeof(int)))==NULL)
  {
```

```
        printf("can't allocate memory.\n");
        exit(1) ;
    }
    printf("Enter %d values of array:\n",n);
    for(i=0;i<n;i++)
    scanf("%d",p+i);
    sum=0;
    for(i=0;i<n;i++)
    sum+= *(p+i);
    printf("sum=%d\n",sum);
    free(p);
}
```

图 10.33

程序说明：

(1) 首先定义一个指针变量 p，用来存放动态分配内存单元的首地址。

(2) 用 calloc 函数来分配 n * sizeof(int)大小的内存空间，并将 calloc 函数的返回值通过强制类型转换后存放在指针变量 p 中，如图 10.33 所示。

(3) 然后通过指针变量 p 来操作动态存储空间。

(4) 用完后释放内存空间。

动态内存分配得到的是一个没有名字只有起始地址的连续存储空间，相当于一个无名的一维数组。动态存储分配的步骤：

(1) 定义一个指针变量，用来保存存储空间的起始地址。

(2) 调用动态内存分配函数分配内存。

(3) 将动态内存分配函数返回的指针赋给已定义的指针变量。

(4) 当动态内存用完后，一定要释放这一存储空间，否则可能把堆中的内存耗光。

10.8 小结

本章介绍了很多不同类型的指针变量的定义和使用方法。这些指针变量的定义形式很相近，很容易混淆。在此将指针变量的定义以一张表格的形式展现给读者，见表 10.1，希望读者能比较出它们的差别。

除了本章介绍的相关对象的指针外，后面章节还会介绍结构体指针和文件指针的知识。读者可以把这些知识放在一块，作一个系统的归纳总结。

要学好指针，必须深刻理解和牢固掌握表 10.2 中的几个基本概念和运算。

表 10.1 指针变量的定义

定义格式	含 义
int i;	定义整型变量 i
int * p;	p 为指向整型数据的指针变量
int a[n];	定义数组 a，它有 n 个整型元素

续表

定义格式	含 义
int * p[n];	定义指针数组p,它由n个指向整型数据的指针元素组成
int (* p)[n];	p为指向含n个元素的一维整型数组的指针变量
int f();	f为返回整型函数值的函数
int * p();	p为返回一个指针的函数,该指针指向一个整型数据
int (* p)();	p为指向函数的指针变量,该函数返回整型值
int * * p;	p为指针变量,它指向一个指向整型数据的指针变量

表 10.2 与指针有关的基本概念

概念	意 义
变量	这里指的是非指针变量,如int a,b;中定义的变量a、b,也就是“内存中的某个存储单元”,通过变量名可以直接存取变量值
指针变量	这是一种用来存放内存地址的变量,它事实上也是存储单元,只是这个存储单元中只用来存放地址,而非其他的值。假设定义指针变量p,如:int * p;前面的int表示这个指针变量只能存放int型变量的地址,“ * ”号表示现在定义的是一个指针变量而不是一般变量。所以为指针变量赋值时应当是相应基类型的地址
指针	其实就是变量的地址,也就是变量的指针,简称指针。给指针变量赋一个地址值时,这个指针变量的值就是某个变量的地址。例如:int a;int * p; p=&a;中p是指针变量,&a是变量a的指针(也就是变量a所占内存单元首字节的地址)
&	取地址运算符。通过它可以获得一个变量的地址
*	指针运算符(间接访问运算符)。通过它可以访问某指针变量所指向的变量。例如int * p,a; p=&a; * p=8;中的 * p就相当于变量a,只不过它是通过指针变量p的值来间接访问的
[]	下标运算符“[]”实际上是变址运算符。编译时,a[i]被处理成 * (a+i),即将a的值加上相对偏移量得到要找元素的地址,然后找出该单元的内容

习 题 十

1. 指针变量的值和类型分别是什么?
2. 指针变量与变量的指针的区别是什么?
3. 输入三个整数,按由小到大的顺序输出。
4. 输入10个整数,将其中最小的数与第一个数对换,把最大的数与最后一个数对换。
5. 将一个3×3的整型矩阵转置。
6. 求一个字符串的子串,如在字符串“This is a good boy!”中取出子串“good”。
7. 写一个无返回值的函数,使变量自增1。
8. 写一个函数,输入一行文字,找出其中大写字母、小写字母、空格、数字及其他字符各有多少。

9. 写一个函数,求一个字符串的子串。
10. 编写三个函数,它们分别将以秒为单位的总时间转换成小时、分钟、秒;然后在一个函数中通过指向函数指针参数来调用这些函数。
11. 一个班有 4 个学生,都学了 5 门课程。编写一指针函数求每个学生的平均分。
12. 用指针数组对五个字符串进行排序,并将排序后的结果按顺序输出。
13. 用 malloc 函数开辟动态存储单元,然后输入 10 个整数,最后按从小到大的顺序进行排序。

11 结构体与共用体

11.1 结构体类型概述

数组是一种组合类型变量，它是用一个变量定义逻辑上相关的一批数据，使每个分量具有相同的名字、不同的下标，从而组织有效的循环，但是数组有一个重要的特性，即一个数组变量包含的所有元素都必须为同一类型。比如，一个整型数组 int a[80]所包含的 80 个元素均为 int 型变量。而实际生活中处理的数据往往是由多个不同类型的数据组成的。例如，有一份学生情况登记表，其中记录了 1000 个学生的基本信息，每个学生的信息都用一行记录来表示，每行记录都包含以下五项数据：学号、姓名、性别、出生年月、籍贯，如表 11.1 所示。这份表格的结构正好对应于 C 语言中的二维数组，但是我们却无法用数组来描述它。这是因为描述学生基本信息的五项数据的类型各不相同，定义数组时，数组的基本类型无法确定。

表 11.1 学生情况登记表

学号	姓名	性别	出生年月	籍贯
0581401	陈敏	男	1991 年 2 月	徐州
0581402	朱学清	男	1990 年 12 月	南京
0581503	张捷磊	男	1990 年 10 月	杭州
0581504	姜旭	男	1991 年 9 月	西安
0581605	李蕾	女	1991 年 7 月	上海
0581607	李敏强	女	1991 年 8 月	扬州
⋮	⋮	⋮	⋮	⋮
0581208	刘秀	女	1992 年 2 月	南京

为此，C 语言提供了另一种构造类型，即结构体，与数组相比，使用结构体能够有效地表示类型不同而逻辑又相关的数据实体。对于表 11.1 中的数据，如果用结构体数组来表示，问题就变得非常简单了。

11.1.1 结构体类型的定义

由于结构体类型不是 C 语言提供的标准类型，为了能够使用结构体类型，必须先定义结构体类型，描述构成结构体类型的数据项（也称成员），以及各成员的类型。

其定义的一般形式为：

struct 结构体类型名

```
{数据类型 成员名 1;
数据类型 成员名 2;
 ⋮
数据类型 成员名 n;};
```

如：

```
struct person
{char name[10];
  char sex;
  int age;
  int stature;};
```

以上定义了一个结构体类型 person，该类型由 4 个成员构成。

说明：

(1) struct 是 C 语言的关键字，不能省略。

(2) 结构体类型名为用户自定义标识符，struct 和结构体类型名一起构成了结构体类型标志。

(3) 结构体的所有成员都必须放在一对花括号“{}”中。

(4) 同一结构体中不同的成员不能使用相同的名字，但不同结构体类型中的成员名可以相同，结构体成员的名字也可以与程序中的其他变量同名，两者互不影响。

(5) 花括号后面的分号“;”不能省略。

(6) 在程序中，定义结构体类型并不会让系统为该结构体类型分配内存空间，它仅仅是指定了一种特定的数据构造类型。

(7) 结构体类型的成员除了可以使用基本数据类型之外，还可以是其他类型，如数组作为成员。

(8) 结构体可以嵌套定义，即结构体的成员可以是另外一个结构体类型。

如：

```
struct date
{
  int year;
  int month;
  int day;
};
struct student
{
  int no;
  char name[10];
  char sex;
  struct date birthday;
};
```

结构体类型 struct student 的成员 birthday 就是另外一个结构体类型 struct date。

11.1.2　结构体变量的定义

结构体变量的定义有以下三种方法：

方法一：先定义结构体类型，再说明结构体变量

```
struct stud
{
  int num;
  char name[10];
  float score;
};
struct stud stu1,stu2;
```

说明：在定义了结构体变量之后，系统就会为之分配内存单元。结构体变量在内存中所占的字节数等于其各个成员所占的字节数的和。例如，stu1 和 stu2 在内存中各占 16 个字节(2+10+4=16)。

方法二：在定义结构体类型的同时说明结构体变量

```
struct stud
{
  int num;
  char name[10];
  float score;
}stu1,stu2;
```

方法三：直接说明结构体变量

```
struct
{
  int num;
  char name[10];
  float score;
}stu1,stu2;
```

11.1.3　结构体变量的引用

结构体变量中成员的引用形式为：

结构变量名.成员名

如：stu1.score

若成员本身又是一个结构体类型，则必须逐级找到最低级的成员才可以使用。结构体变量的成员和普通变量一样也可以进行各种运算，具体情况由成员的数据类型决定。

11.1.4　结构体变量的赋值和初始化

结构体变量的赋值即是给各个成员赋值，可用输入输出函数来实现，也可以通过赋值语句实现，如：

```
scanf("%d",&stu1.num);
stu1.score=85;
```

注意：不能对结构体变量进行整体赋值。

以下两种赋值方法是错误的：

```
stu1={6466,"李平",86};
scanf("%d,%s,%f",&stu1);
```

结构体变量的初始化是指在定义结构体变量的同时，给它的各个成员赋初值，初始化的格式为：

```
struct 结构体类型名
{结构体成员列表;}结构体变量名={初始数据表};
```

如：

```
struct student
{
  int num;
  char name[10];
  int age;
  char sex;
}a={9932,"王军",19,'M'};
```

11.2　结构体数组

一个结构体变量只可以存放一组类型不同的数据，如上述一个 struct student 类型的变量只能存放一个学生的数据，如果要存放多个学生的数据，则必须定义一个结构体数组，其中每个数组元素用于存放一个学生的数据。结构体数组与普通数组的不同在于，其每个元素都为同一结构体类型的数据。结构体数组与一般数组的定义相似，其格式为：

```
struct 结构体类型名 数组名[元素个数];
```

如：struct student a[10]; 定义了一个 struct student 类型的数组 a，数组中有 10 个元素。

与一般数组一样，结构体数组可以在定义的同时对每个元素进行初始化，其方法与结构体变量初始化方法相同。如：

```
struct student s[3]=
  {{4325, "zhangfang", 19, 'M'},
  {3435, "liming", 20,'F'},
  {6736, "wugang",21, 'M'}};
```

对于结构体数组中各元素的引用与普通数组相同，通过下标的方式来引用每个元素，而每个元素的成员通过分量运算符“.”实现，如：s[1].age、s[2].num 等。

[例 11.1]　计算学生的平均成绩和不及格的人数。

```
struct stu
{
  int num;
  char name[15];
  char sex;
  int score;
}s[3]={
       {1101,"Li ping",'M',90},
       {1202,"Zhang ping",'M',82},
       {1123,"He fang",'F',92}
       };
void main()
{
  int i,count=0;
  float ave,sum=0;
  for(i=0;i<3;i++)
  {
    sum+=s[i].score;
    if(s[i].score<60) count++;
  }
  ave=sum/3;
  printf("average=%f\ncount=%d\n",ave,count);
}
```

本例程序在 main 函数之外定义了一个全局的结构体数组 s，共 3 个元素，并作了初始化赋值。在 main 函数中通过 for 语句逐个累加各元素中 score 成员的值，并存于 sum 中，如果 score 的值小于 60（即不及格），则计数器 count 加 1，循环完毕后计算平均成绩，最后输出平均分以及不及格的人数。

[例 11.2]　建立朋友通讯录。

```
#include <stdio.h>
struct friend
{
  char name[20];
  char phone[10];
};
void main()
{
  struct friend f[30];
  int i;
```

```
    for(i=0;i<30;i++)
    {
      printf("input name:\n");
      gets(f[i].name);
      printf("input phone:\n");
      gets(f[i].phone);
    }
    printf("name\t\t\tphone\n\n");
    for(i=0;i<30;i++)
    printf("%s\t\t\t%s\n",f[i].name,f[i].phone);
}
```

本程序定义了一个结构体类型 friend，其中有两个成员 name 和 phone，分别用来表示朋友的姓名和电话号码。在主函数中定义了一个结构体数组 f，其每个数组元素都是 friend 类型。然后通过循环语句对这 30 个结构体数组元素中的成员进行赋值，最后再通过循环语句将每个数组元素的成员值输出来。

11.3　指向结构体类型数据的指针

一个结构体变量通常由多个成员构成，因此系统需要分配相应的一段连续空间来存放所有成员，这段内存空间的起始地址就是该结构体变量的指针。因此可以定义与之相对应的结构体类型的指针变量，用来指向一个结构体变量或结构体数组中的元素。

结构体成员除了一般类型和其他结构体类型外，还可以是指针类型，特别是指向自己类型的指针，如：

```
struct s
{
  int data;
  struct s * pnext;
};
```

这种结构体类型一般用于构造链表。

11.3.1　结构体指针变量的定义

结构体指针变量的定义形式为：

struct 结构体名 * 指针变量名；

如：

```
struct student * p1, * p2;
```

当一个结构体指针变量定义好之后，就可以用来指向结构体变量及结构体数组中的元素，如：

```
struct student s[4],a;
struct student * p1, * p2;
```

p1=&a;
p2=s;

11.3.2　利用结构体指针变量引用结构体成员

利用结构体指针变量引用结构体成员有以下两种方式可以实现：
(1) 利用指针运算符"*"先得到所指对象，再使用分量运算符"."实现：
(*结构体指针变量名).成员名
如：(* p1).name
　　(* p1).age
(2) 用指向运算符"->"直接引用所指向结构体变量的成员：
结构体指针变量名->成员
如：p1->name 等价于 (* p1).name
p1->age 等价于 (* p1).age

结构体指针变量定义后可以用来指向一个结构体变量，也可以用来指向结构体数组及其元素。

如：
```
struct stud
{
  char * name;
  int score;
} * p,s[5];
p=s;
```

以上程序段定义了一个 stud 类型的结构体数组 s 和指向该结构体类型的指针变量 p，并将数组 s 的首地址赋给指针变量 p，此时 p 指向第一个数组元素 s[0]，若要引用该元素中的 score 成员，则可以用 p->score，也可以用(* p).score。此外，也可以将数组中某个元素的地址赋给 p，如 p=&s[1]。

至此，我们已经学了以下三种引用结构体变量成员的方法：
结构体变量名.成员名
结构体指针变量名->成员名
(*结构体指针变量名).成员名

[例 11.3]　用指针变量输出结构体数组。
```
struct stud
{
  int num;
  char name[15];
  int score;
}s[5]={
        {2011,"Zhou ping",75},
        {2012,"Zhang ping",62},
        {2013,"Liou fang",92},
```

```
        {2014,"Cheng ling",87},
        {2015,"Wang ming",85}
  };
  void main()
  {
    struct stud * p;
    printf("No\tName\tScore\n");
    for(p=s;p<s+5;p++)
    printf("%d\t%s\t%d\n",p->num,p->name,p->score);
  }
```

在本程序中定义了一个外部结构体数组 s,其每个数组元素都是结构体类型 stud。在 main 函数中定义了一个指向 stud 结构体类型的指针变量 p。在 for 循环语句的表达式 1 中,令 p 的初值为结构体数组 s 的首地址,然后通过循环输出 s 数组中的各个成员值。

11.3.3　用结构体变量和指向结构体的指针变量作函数参数

用结构体变量作函数实参有如下三种形式:

(1) 将结构体变量的成员作函数参数;

(2) 用结构体变量作函数参数;

(3) 用指向结构体变量的指针作函数参数。

用结构体变量作函数参数进行整体传送时需要将全部成员逐个传送,而且当成员为数组时,数据传送的时间和空间开销非常大。因此,当要传送整个结构体变量时,最好的办法就是使用指针变量作函数参数,这样由实参传向形参的只是结构体变量的地址,从而可以大大减少运行时间,提高程序运行效率。

[例 11.4]　用结构体指针变量作函数参数。

```
#include <stdio.h>
struct stu
{char num[10];
  char name[15];
};
void print(struct stu * pt)
{
  printf("num:%s,name:%s",pt->num,pt->name);
  }
void main()
{
  struct stu s1;
  gets(s1.num);
  gets(s1.name);
  print(&s1);
}
```

本程序定义了一个print函数用于输出结构变量中的成员值，其中定义了一个指向stu结构体的指针变量pt，在main函数中调用print函数，用结构体变量s1的地址作实际参数，这样实参向形参传递的就只是结构体变量的地址了。如果形参也是一个结构体变量，则要传递结构体变量所有成员的值，如例11.5所示。

［例11.5］ 用结构体变量作函数参数。

```
#include <stdio.h>
struct stu
{
   char num[10];
   char name[15];
};
   void print(struct stu s2)
{
   printf("num:%s,name:%s",s2.num,s2.name);
}
void main()
{
   struct stu s1;
   gets(s1.num);
   gets(s1.name);
   print(s1);
}
```

11.4 用结构体处理链表

11.4.1 链表概述

链表是一种能够动态地进行存储单元分配的数据结构。它与数组的区别主要体现在以下两点：

(1) 数组的长度是预先定义好的，并且在整个程序运行过程中固定不变，当一个数组中的元素个数全满时就不能再增加新的元素，反之，如果数组中的元素个数远没有达到全满，则会造成存储空间的极大浪费。链表的长度可以在程序运行过程中根据需要动态增减，有多少个元素，链表就有多长，不会造成存储空间的浪费。

(2) 数组中的元素在内存中是连续存储的，因此，在一个有序的数组中插入或删除一个元素时，为了保持数组的顺序存储结构，需要对数组中的元素进行移动操作，效率很低。链表中的元素是可以不连续存储的，在链表中插入新的元素或删除元素时只需要改变元素之间的链接关系，而不需要移动数据元素，大大提高了程序的执行效率。

根据数据之间相互关系的不同，链表可以分为单向链表(简称单链表)、双向链表和循环链表。本书仅介绍单链表，其他两种链表在《数据结构》中有详细介绍，有兴趣的读者可以自行参阅。

单链表中的每个元素称为“结点”。每个结点都包含两部分内容:一是用户需要的数据,称为数据域;二是下一个结点的地址,称为地址域或指针域。每个单链表都有一个头指针变量,用来存放第一个结点的地址,这个头指针变量通常用 head 表示。每个链表的最后一个结点的地址部分必须指向空地址,用 NULL 表示,如图 11.1 所示。

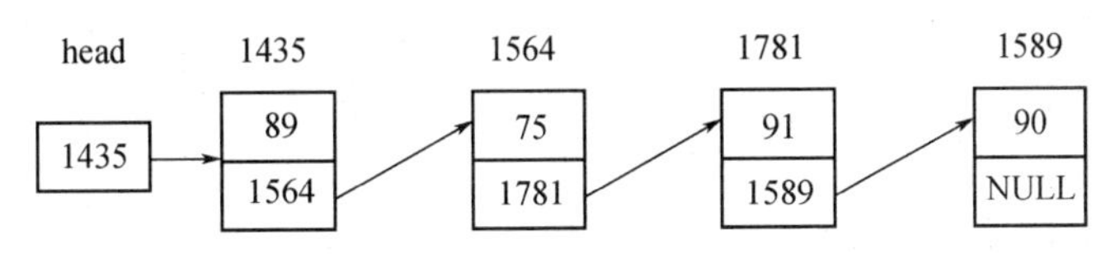

图 11.1　单链表举例

从图中可以看出,链表中各个结点是通过指针相互连接起来,就像一根铁链一样,一环扣一环,只要知道链表的起始地址,就可以顺次访问链表中的每一个元素。而链表的起始地址,即第一个结点的地址正是存放在头指针变量中,可见,头指针变量是不可缺少的,如果没有头指针变量,就无法访问整个链表。

链表中结点的数据类型通常是结构体类型,其定义方法如下:

```
struct 结构体类型名
    {成员表列;
     struct 结构体类型名 *指针变量名;
    };
```

如:
```
struct student
  {int num;
  char name[10];
  int score;
  struct student * next;
};
```

其中,整型变量 num 和 score,以及字符数组 name 用于存放有用的数据,而 next 则用于存储下一个结点的地址。

11.4.2　链表的建立与输出

1. 静态链表的建立与输出

静态链表是一种比较简单的链表,其所有结点都是在程序中事先定义好的,不是临时创建的。下面举一个例子说明静态链表的建立和输出过程。

[例 11.6]　利用已知的三个结点建立一个静态链表。

```
#define NULL 0
void main()
{
  struct number
  {
    int num;
```

```
    struct number * next;
  }a,b,c, * head, * p;
  a.num=15;
  b.num=25;
  c.num=50;
  head=&a;
  a.next=&b;
  b.next=&c;
  c.next=NULL;
  p=head;
  while(p! =NULL)
  {
    printf("%5d",p->num);
    p=p->next;
  }
}
```

2. 动态链表的建立与输出

建立动态链表是指从无到有地建立起一个链表，其结点不是在程序中定义的，而是在程序执行过程中临时开辟的，并且要插入到链表中，以保持结点之间的相互链接关系。

［例 11.7］ 编写 create 函数用以创建存储学生信息（学号、姓名）的单链表，以输入学号“0”作为结束链表建立的标志，再编写 print 函数用以输出学生信息，最后在 main 函数中调用这两个函数，以实现动态链表的建立与输出。

```
#define NULL 0
#define LEN sizeof (struct stu)
struct stu
{
  int num;
  char name[10];
  struct stu * next;
};
struct stu * create()
{
  struct stu * head, * new, * tail, * p;
  int count=0;
  while (1)
  {
    new=(struct stu * ) malloc(LEN);
    printf("input Number and Name\n");
    scanf("%d%s",&new->num, new->name);
```

```
        if(new->num==0)
          {
            free(new);
            break;
          }
        else
          if(count==0)
            {head=new;tail=new;}
          else
            {
            tail->next=new;
            tail=new;
            }
          count++;
        }
      tail->next=NULL;
      return(head);
    }
    void print(struct stu * head)
    {struct stu * p;
      p=head;
      if(head==NULL)
        printf("list is empty\n");
      else
        while(p! =NULL)
        {
        printf("%d %s\n",p->num,p->name);
        p=p->next;
        }
    }
    void main()
    {struct stu * head;
      head=create();
      print(head);
    }
```

11.4.3 链表的插入

链表的插入是指在链表的某一个位置上插入一个新的结点。根据新结点的位置不同，其插入操作也有所不同，主要分以下四种情况(假设指针变量 new 指向新结点，head 指向头结点，tail 指向尾结点，p0 和 p1 分别为链表中间的某两个相邻的结点，其中 p0 为前结点，p1 为后结点）：

（1）在空表中插入新结点，只需令 head＝new;new－＞next＝NULL;即可。

（2）在第一个结点前面插入新结点，此时需要将新结点的指针域改为原来的第一个结点的地址，并使头指针变量指向新结点，即 new－＞next＝head;head＝new;。

（3）在尾结点后面插入新结点，此时需要将原尾结点的指针域指向新结点，新结点的指针域的值置为 NULL，即 tail－＞next＝new;new－＞next＝NULL;。也可以写成new－＞next＝tail－＞next; tail－＞next＝new;。

（4）将新结点插在链表中某两个相邻的结点 p0 和 p1 中，此时需要将 p0 指针变量所指向结点的指针域改为新结点的地址，而将新结点的指针域改为 p1，即 new－＞next＝p1;p0－＞next＝new;，也可以写成 new－＞next＝p0－＞next; p0－＞next＝new;。

由上可见，第(3)种和第(4)种情况实际上处理方法是相同的，因此在编程时其实只需分三种情况考虑，一是在空表中插入新结点，二是在第一个结点之前插入新结点，三是在链表中间某个结点(包括最后一个结点)之后插入新结点。

以下通过举例说明如何在链表中插入新结点。

[例 11.8] 在学生数据链表中，要求按学号从小到大的顺序插入一个新结点。

```
struct stu * insert(struct stu * head, struct stu * new)
{
struct stu * p0, * p1;
p1=head;
if(head==NULL)          /*空表插入*/
  {
    head=new;
    new->next=NULL;
  }
else
  if(new->num<=p1->num)
  {
    new->next=head;
    head=new;
  }          /*在第一结点之前插入*/
else
{
    while(new->num>p1->num)
    {
      p0=p1;
      p1=p1->next;
    }
    new->next=p0->next;   /*在其他位置插入*/
```

```
        p0->next=new;
    }
    return head;
    }
```

本函数有两个形参均为指针变量，head 指向链表，new 指向被插入结点。函数首先判断链表是否为空，若为空则使 head 指向被插入结点，否则，判断是否在第一个结点之前插入，若是，则使被插入结点的指针域指向原第一个结点，再使 head 指向被插入结点。若不是在第一个结点之前插入，则用 while 语句循环查找插入位置，找到之后则在该结点之后插入新结点。本函数执行完后返回链表的头指针。

11.4.4　链表的删除

链表的删除操作是指在链表中根据要求删除其中的某个结点。与插入操作类似，链表的删除操作也分为四种情况来考虑：

(1) 如果待删除的链表是一张空表，则直接返回。

(2) 如果非空表，但找不到要删除的结点，则输出未找到信息，并直接返回。

(3) 如果待删除的结点是第一个结点，则将头指针的值改为：head=head->next;。

(4) 如果待删除的结点是链表中间或最后一个结点，假设待删除的结点为 p1，其前一个结点为 p0，则使 p0 的指针域指向 p1 的下一个结点的地址，即 p0->next=p1->next;。

下面通过一个例子说明如何在链表中完成删除操作。

[例 11.9]　编写一个 delist 函数，完成在学生链表中将指定学号的结点删除。

```
    struct stu * delist(struct stu * head, int num)
    {
    struct stu * p0, * p1;
    p1=head;
        if(head==NULL)  /* 如为空表，则输出提示信息 */
        {
        printf("\nempty list! \n");
        }
      else
        if(p1->num==num)
            head=p1->next;
        else
        {
          while (p1->num! =num && p1->next! =NULL)
                    /* 当 p1 所指的结点不是要删除的结点，也不是最后一个结点时，继
                    续循环 */
            {
              p0=p1;
              p1=p1->next;
```

```
        }    /* p0 指向当前结点,p1 指向下一结点 */
      if(p1->num==num)
        {
          p0->next=p1->next;
          /* 如找到被删结点,则使 p0 所指结点的指针域指向 p1 的下一结点 */
          printf("The node is deleted\n");
        }
      else
        printf("The node can not been foud! \n");
    }
  return head;
  }
```

本函数有两个形参,head 为指向链表第一个结点的指针变量,num 为待删除结点的学号。首先判断链表是否为空,为空则不可能有被删结点。若不为空,则使 p1 指针指向链表的第一个结点,判断被删结点是否为第一结点,若是则使 head 指向第二结点,否则进入 while 语句逐个查找被删结点,如找出则使被删结点的前一结点指向被删结点的后一结点。如果循环结束后未找到要删的结点, 则输出未找到的提示信息,最后返回 head 值。

11.4.5　链表的综合操作

将以上建立链表、删除结点、插入结点的函数组织在一起,再建一个输出全部结点的函数,然后用 main 函数调用它们。

[例 11.10]　链表的综合操作。

```
#define NULL 0
#define LEN sizeof(struct stu)
struct stu
{
  int num;
  char name[10];
  struct stu * next;
};
struct stu * create()
{
  struct stu * head, * new, * tail, * p;
  int count=0;
  while (1)
  {
    new=(struct stu * ) malloc(LEN);
    printf("input Number and Name\n");
    scanf("%d%s",&new->num, new->name);
```

```
    if(new->num==0)
      {
        free(new);
        break;
      }
        else
        if(count==0)
          {head=new;tail=new;}
        else
          {
          tail->next=new;
          tail=new;
          }
        count++;
    }
  tail->next=NULL;
  return(head);
  }
struct stu * delist(struct stu * head, int num)
{
  struct stu * p0, * p1;
  p1=head;
    if(head==NULL)        /* 如为空表，则输出提示信息 */
    {
      printf("\nempty list! \n");
    }
else
  if(p1->num==num)
    head=p1->next;
else
{
  while (p1->num! =num && p1->next! =NULL)
      /* 当p1不是要删除的结点，也不是最后一个结点时，继续循环 */
    {
      p0=p1;
      p1=p1->next;
    }        /* p0指向当前结点，p1指向下一结点 */
  if(p1->num==num)
    {
      p0->next=p1->next;
```

```
        /*如果找到待删结点,则使p0所指结点的指针域指向p1的下一结点*/
        printf("The node is deleted\n");
      }
         else
            printf("The node not been foud! \n");
      }
  return (head);
  }
  struct stu * insert(struct stu * head, struct stu * new)
  {
  struct stu * p0, * p1;
  p1=head;
  if(head==NULL)  /*空表插入*/
      {
        head=new;
        new->next=NULL;
      }
  else
    if(new->num<=p1->num)
      {
        new->next=head;
        head=new;
      }        /*在第一结点之前插入*/
    else
    {
      while(new->num>p1->num)
      {
        p0=p1;
        p1=p1->next;
      }
      new->next=p0->next;  /*在其他位置插入*/
      p0->next=new;
    }
  return (head);}
  void print(struct stu * head)
  {struct stu * p;
    p=head;
    if(head==NULL)
    printf("list is empty\n");
```

```
    else
    while(p! =NULL)
    {
      printf("%d %s\n",p->num,p->name);
      p=p->next;
    }
}
void main()
{
    struct stu * head, * p;
    int num;
    head=create();
    print(head);
    printf("Input the deleted number: ");
    scanf("%d",&num);
    head=delist(head,num);
    print(head);
    printf("Input the inserted number and name: ");
    p=(struct stu *)malloc(LEN);
    scanf("%d%s",&p->num,p->name);
    head=insert(head,p);
    print(head);
}
```

11.5　共用体

共用体也是一种能够将不同类型的数据组合在一起的构造类型，但它与结构体不同。共用体中所有成员占用的是同一段存储区域，因此共用体变量所占据的存储空间不是其各成员所需存储空间的总和，而是其成员中需要空间最大的那个成员所需的空间。另外，由于各个成员共用一段存储空间，因此在同一时刻，只能有一个成员起作用。

11.5.1　共用体类型及变量的定义

共用体类型的定义方法与结构体相似，只需将关键字改为 union 即可。其一般格式为：

```
union 共用体类型名
{数据类型　成员名 1;
数据类型　成员名 2;
 ⋮
数据类型　成员名 n;};
```

如：

```
union data
{
   int i;
   char c;
   float f;
};
```

以上定义了一个共用体类型 data,该类型由 3 个成员构成,其中成员 f 所需的空间最大,为 4 个字节,因此该共用体类型变量在内存中需要占据的空间为 4 个字节。

共用体变量的定义方式与结构体变量的定义方式相似,也分为如下三种方式:

方式一:将共用体类型定义与共用体变量定义分开

```
union data
{int i;
char c[2];
float f;
};
union data x,y;
```

方式二:在定义共用体类型的同时定义共用体变量

```
union data
{
   int i;
   char c[2];
   float f;
}x, y;
```

方式三:直接定义共用体类型的变量,不给出共用体类型名

```
union
{
   int i;
   char c[2];
   float f;
}x, y;
```

11.5.2 共用体变量的使用

1. 共用体变量中成员的引用

和结构体变量相似,共用体变量中的成员也是通过“->”和“.”两种运算符来引用,具体引用方式有以下三种:

(1) 共用体变量名.成员名

(2) 共用体指针变量名->成员名

(3) (*共用体指针变量名).成员名

如:union data a, *p;

p=&a;

对a中i成员的引用可以是a.i、p->i或(*p).i。

注意：在输入输出函数中不能直接对共用体变量进行输入或输出，只能对其成员进行输入和输出操作。

如：

```
union
{
  int i;
  char c[2];
  float f;
}b;
scanf("%d%s%f",&b);
```

程序在编译时不会报错，但运行结果会出错。将scanf("%d%s%f",&b)改为scanf("%d",&b.i)就对了。

[例11.11]　分析下面程序的运行结果。

```
void main()
{
  union u
{
  int a;
  char b;
}u1;
struct s
{
  int a;
  char b;
}s1;
  u1.a=10; u1.b='A';
  s1.a=10; s1.b='A';
  printf(" size of u1: %d, size of s1: %d\n ",sizeof(u1), sizeof(s1));
  printf("u1.a: %d, u1.b: %c\n ",u1.a,u1.b);
  printf("s1.a: %d, s1.b: %c\n ",s1.a,s1.b);
}
```

运行结果为：

```
size of u1: 2,size of s1: 3
u1.a: 65, u1.b:A
s1.a: 10, s1.b:A
```

从上面的运行结果可以看出，对共用体变量成员的赋值，保存的是最后的赋值，前面对其他成员的赋值均被覆盖，由于结构体变量的每个成员拥有不同的存储单元，因而不会出现这种情况。

11.6 枚举类型

有时我们会遇到这种情况，即一个变量其取值的个数是有限的，如人的性别只有男和女两种、一个星期只有7天、一年只有12个月等。对于这些类型的数据，C语言可以把其每一个可能的取值依次列举出来，这种方法称为枚举法。用这种方法定义的数据类型称为枚举类型。

枚举类型的定义形式为：

enum 枚举类型名{枚举元素取值表}；

如：enum weekdays{sun,mon,tue,wed,thu,fri,sat}；

定义好的枚举类型可以用来定义枚举变量，如：

enum weekdays workday;

则workday的取值范围只能是sun到sat，如workday＝wed。

也可以在定义枚举类型的同时直接定义枚举变量，如：

enum weekdays{sun,mon,tue,wed,thu,fri,sat}week_end;

在C语言编译系统中，枚举元素在定义时就根据其在列表中的序号被赋以固定的值，这个值是一个常量，在程序执行过程中是不可以动态改变的，因此对枚举元素是不能作赋值运算的。

如果在枚举元素列表中没有特别给出某个元素的序号，则从0开始编号。

如：enum weekdays{sun,mon,tue,wed,thu,fri,sat}；

在该枚举元素列表中，sun的值为0，mon的值为1，依此类推。

枚举元素的值也可以人为指定，如：

enum weekdays{sun=7,mon=1,tue,wed,thu,fri,sat}；

则sun的值为7，mon的值为1，tue的值为2，wed的值为3，依此类推。

11.7 用typedef定义类型

C语言除了提供标准类型和构造类型外，还允许用户通过typedef定义新的类型名来代替已有的类型名。这个新的类型名和C语言提供的类型名一样也可以定义相应的变量。

定义别名的方法如下：

(1) 先按照常规的方法定义一个变量；

(2) 将变量名替换成新的类型名；

(3) 在变量定义的最前面加上typedef关键词。

如给int起一个别名INTEGER，可以按以下步骤进行：

(1) int i;

(2) int INTEGER;

(3) typedef int INTEGER;

又如给一个结构体类型student起一个别名STUD，也可以按以下步骤进行：

```
(1) struct student
{int num;
 char name[10];
 char sex;
 int age;}s1;
(2) struct student
{int num;
 char name[10];
 char sex;
 int age;}STUD;
(3) typedef struct student
{int num;
 char name[10];
 char sex;
 int age;}STUD;
```

定义了别名后，就可以直接用别名来定义变量了，如：

```
INTEGER a,b,c;
STUD s1,s2;
```

上述方法还可以进一步推广到为数组、指针起别名，如：

```
typedef int NUMBER[20];
typedef int * POINTER;
```

以上 NUMBER、POINTER 都是类型别名，可以直接用来定义新的数组或指针变量。如 NUMBER a、POINTER p1 等。

习 题 十 一

一、填空题

1. 有以下说明和语句，请写出引用结构体变量 a 中的成员 num 的三种形式________、________、________。

```
struct student
{int num;
char name;
int score;}a, * b;
  b=&a;
```

2. 若有以下定义和语句，则 sizeof(a)的值是________，sizeof(b)的值是________。

```
union share
{    int i
     float f;
     };
```

```
struct {int day; char month; int year;union share k;} a, * b;
        b=&a;
```

二、选择题

1. 以下程序的输出结果是________。

```
union myun
{struct
{int x, y, z;} u;
  int k;
} a;
main()
{a.u.x=4; a.u.y=5; a.u.z=6;
a.k=0;
printf("%d\n",a.u.x);
}
```

A. 4　　B. 0　　C. 5　　D. 6

2. 若程序中有下面的说明和定义

```
struct data
{int x;char y;}a={10,'A'};
```

则会发生的情况是________。

A. 程序将顺利编译、连接、执行

B. 编译出错

C. 能顺利通过编译、连接,但不能执行

D. 能顺利通过编译,但连接出错

3. 设有如下定义:

```
struct sk
{int a;float b;}data, * p;
```

若有 p=&data;,则对 data 中的 a 域的正确引用是________。

A. (* p).data.a　　B. (* p).a

C. p->data.a　　D. p.data.a

4. 有以下结构体说明和变量的定义,且如下图所示指针 p 指向变量 a,指针 q 指向变量 b。则不能把结点 b 链接到结点 a 之后的语句是________。

```
struct node
{char data;
struct node * next;
}a,b, * p=&a, * q=&b;
```

A. a.next=q;　　B. p.next=&b;

C. p->next=&b;　　D. (* p).next=q;

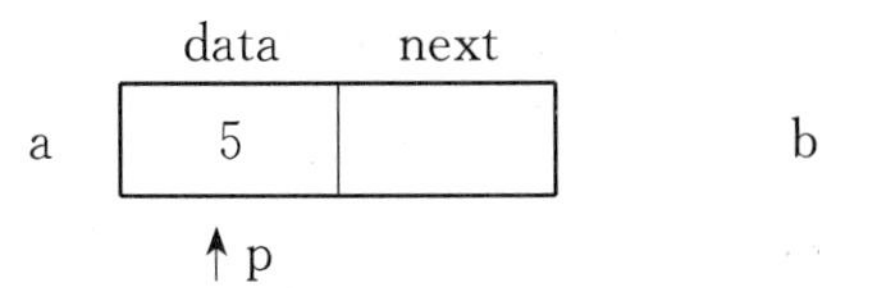

5. 当说明一个共用体变量时系统分配给它的内存是________。
   A. 各成员所需内存量的总和
   B. 结构体中第一个成员所需内存量
   C. 成员中占内存量最大者所需的容量
   D. 结构体中最后一个成员所需内存量
6. C 语言结构体类型变量在程序执行期间________。
   A. 所有成员一直驻留在内存中
   B. 只有一个成员驻留在内存中
   C. 部分成员驻留在内存中
   D. 没有成员驻留在内存中

三、编程题

1. 有 5 个学生，每个学生的数据包括学号、姓名、3 门课程的成绩，现要求从键盘输入这 5 个学生的数据，并在屏幕上输出每个学生 3 门课程的平均成绩。
2. 编写一个函数 creat 用来建立一个动态链表，其中每个结点包括学号、姓名和年龄。
3. 在上题的基础上，再编写一个函数 delage 用来删除链表中的结点。要求输入一个年龄，从链表中删除与该年龄相同的结点。

12 位运算

在程序设计中，可以操作的最小数据单位是二进制位(bit)。理论上，我们可以按“位”来运算以完成所有的运算和操作。位运算是指按照二进制位进行的运算，是对字节或字中的实际存储的二进制位进行检测、设置或移位。通常，按位操作是用来产生控制信号以控制硬件操作或者实现数据变换。有些时候，灵活的位操作可以有效提高程序运行效率。由于C语言具有按位运算的功能，所以C语言也能像汇编语言一样编写系统程序。

12.1 位运算符

C语言提供了六种位运算符，这些运算符的操作数只能是整型数据，即只能操作带符号或无符号的char、short、int与long类型数据。

位运算符与功能描述如表12.1所示。

表12.1 位运算符与功能描述

运算符	功 能	描 述
&	按位与	如果两个相对应的二进制位都为1，则该位的结果值为1，否则为0
|	按位或	两个相对应的二进制位中只要有一个为1，该位的结果值为1
^	按位异或	若参加运算的两个二进制位值相同则为0，否则为1
~	取反	“~”是一元运算符，用来对一个二进制数按位取反，即将0变1，将1变0
≪	左移	将一个数的所有二进制位左移n位，右补0
≫	右移	将一个数的所有二进制位右移n位，移到右端的低位被舍弃，对于无符号数，高位补0

经过前面的学习，我们知道关系表达式和逻辑表达式的运算结果只能是1(真)或0(假)，而位运算表达式的结果则可以取0或1以外的值。

现将每个位运算符详细介绍如下：

1. 按位与运算符(&)

按位与运算符“&”是双目运算符，其功能是对参与运算的两数相对应位进行逻辑与操作。其结果是：只有对应的两个二进制位均为1才为1，否则为0。这里的1可以理解为逻辑值真，0可以理解为逻辑值假。按位与的本质和逻辑与的运算规则一致。其中，参与运算的操作数均以补码形式出现。

[例12.1] 计算9&7。

9的二进制补码为00001001，7的二进制补码为00000111，则9&7的算式为00001001&00000111，进行按位与操作后结果为00000001，00000001为1的二进制补码。

可见 9&7=1。

C 语言源代码：

```
#include <stdio.h>
void  main()
{
int a=9,b=7;
printf("a=%d\nb=%d\n a&b=%d\n",a,b,a&b);
}
```

运行结果：

```
a=9
b=7
a&b=1
```

[例 12.2]　计算 64766&255。

255 的二进制数为 0000000011111111。

C 语言源代码：

```
#include <stdio.h>
void main()
{
  int a=64766,b=255;
  printf("a=%d\nb=%d\n a&b=%d\n",a,b,a&b);
}
```

运行结果：

```
a=64766
b=255
a&b=254
```

该程序将 64766 的高 8 位清 0，保留低 8 位。由此可见按位与运算可以用来对某些位清 0 或保留某些位。下面我们讨论按位与操作的用途：

(1) 清零特定位

如果想对某个存储单元的某个二进制位清零，即希望置其相应二进制位为 0，我们只要找到一个新二进制数，满足如下条件：原数中为 1 的位，新数中相应位为 0，然后使两者进行“&”运算，即可达到清零目的，即 mask 中特定位为 0，其他位为 1，计算 s=s&mask 即可。

[例 12.3]　清零特定位。

```
#include <stdio.h>
void main()
{
int a=43;
printf("a&100=%d",a&100);
}
```

运行结果：

```
a&100=32
```

即将 a 的第 6 位置 1,其余位清 0。

(2) 取某数中指定位

若有一个整数,想要取其某部分字节,只需要将这个整数与相应位为 1 的数按位与即可,即 mask 中特定位置 1,其他位为 0,计算 s=s&mask 即可。

[例 12.4] 计算 65535&255。

65535 的二进制补码为 11111111 1111111,255 的二进制补码为 00000000 11111111,65535&255 的二进制补码为 00000011111111。

C 语言源代码:

```
#include <stdio.h>
main()
{
printf("65535&255=%d",65535&255);
}
```

运行结果:

65535&255=255

(3) 保留指定位

若想保留某个数的指定位,可以通过与另一个数进行按位与来实现,另一个数在相应位取 1。

[例 12.5] 有一数 45,其二进制形式为 00101101,想把其从左边算起的第 3、4、5、7、8 位保留下来,运算如下:

a=45,b=59

a&b=41

C 语言源代码:

```
#include <stdio.h>
main()
{
   int a=45;
   int b=59;
   printf("a&b=%d",a&b);
}
```

运行结果:

a&b=41

即实现了将数 45 从左边算起的第 3、4、5、7、8 位保留下来。

2. 按位或运算符(|)

按位或运算符"|"是双目运算符,其功能是将参与运算的两个数按位相或。如果对应的两个二进位中有一个为 1,结果为 1,否则为 0。其中,参与运算的两个数均为补码。

[例 12.6] 9|4 算式为 00001001|00000100。

```
#include <stdio.h>
void main()
```

```
{
   int a=9,b=4,c;
   c=a|b;
   printf("a=%d\nb=%d\nc=%d\n",a,b,c);
}
```

运行结果：

```
a=9
b=4
c=13
```

[例 12.7] $36_{(8)}|17_{(8)}$。

```
#include <stdio.h>
void main()
{
   int a=036;
   int b=017;
   printf("a|b=%o",a|b);
}
```

运行结果：

a|b=37(注,结果为八进制)

按位或操作常用来将操作数中某些位置 1,其他位保留原值,即 mask 中特定位置 1,其他位为 0,计算 s=s|mask 的值即可。

3. 按位异或运算符(^)

按位异或运算符"^"是双目运算符,其功能是将参与运算的两数按位相异或,当两对应的二进位的值不同时,结果为 1;两对应的二进位的值相同时,结果为 0。其中,参与运算的操作数以补码形式出现。

[例 12.8] 156^13 可写成算式为 10011100^00001101。

```
#include <stdio.h>
void main()
{
   int a=156;
   a=a^13;
   printf("a=%d\n",a);
}
```

运行结果：

```
a=145
```

下面我们来讨论按位异或操作的用途：

(1) 使特定位的值取反

要使某个数的某几位翻转,就将与其进行"^"运算的操作数相应位置 1 即可（mask 中特定位置 1,其他位为 0,s=s^mask)。

[例 12.9] 设有数 100,其二进制为 01100100,想使其低 4 位翻转(即 1 变 0,0 变 1),可以将其与 00001111 进行异或运算,运算结果的低 4 位正好是原数低 4 位的翻转。

C 语言源代码:

```
#include <stdio.h>
void main()
{
  int a=100;
  a=a^15;
  printf("a=%d\n",a);
}
```

运行结果:

a=107(其二进制数为 01101011)

(2) 不引入第三个变量,交换两个变量的值

[例 12.10] x=5,其二进制形式为 00000101,y=7,其二进制形式为 00000111。

想将 x 和 y 的值互换,可以用以下赋值语句实现:

```
x=x^y;     /* x^y 的结果,x 已变成 2 */
y=y^x;     /* y^x 的结果,y 已变成 5 */
x=x^y;     /* x^y 的结果,x 已变成 7 */
```

等效于以下两步:

① 执行前两个赋值语句:x=x^y;和 y=y^x;,相当于 y=y^(x^y);。

② 再执行第三个赋值语句:x=x^y;,由于 x 的值等于(x^y),y 的值等于(y^x^y),相当于 x=x^y^y^x^y;。

即 x=x^x^y^y^y,等于 y。

C 语言源代码:

```
#include <stdio.h>
void main()
{
  int x=5,y=7;
  x=x^y;
  y=y^x;
  x=x^y;
  printf("x=%d y=%d",x,y);
}
```

运行结果:

x=7 y=5

(3) 与 0 相异或,保留原值

由于原数中的 1^0=1,0^0=0,故保留原数。

[例 12.11] 120^0

```
#include "stdio.h"
```

```
void main()
{
  int a=120,b=0;
  a=a^b;
  printf("a=%d b=%d",a,b);
}
```

运行结果：

a=120 b=0

4. 取反运算符(～)

取反运算符“～”为单目运算符，用于求整数的二进制反码，即分别将操作数的每个二进制位1置0,0置1，实现按位取反操作，该操作数具有右结合性。

例如：～10的运算为～(0000000000001010)，结果为：1111111111110101。

[例12.12]　$\sim 66_{(8)}$。

```
#include <stdio.h>
void main()
{
  int a=066;
  printf("~a=%d",~a);
}
```

运行结果：

～a=－55(注，结果为十进制)

5. 左移运算符(≪)

左移运算符“≪”是双目运算符，其功能是把左边的操作数的二进位全部向左移动由右边的操作数(该操作数非负)指定的位数，高位左移溢出则舍弃，低位补0。

[例12.13]　25≪3。

将25的二进制数00011001左移3位，得到11001000，右边空出的位补0，左边溢出的位舍弃。

C语言源代码：

```
#include <stdio.h>
void main()
{
  int a=25;
  printf("%d",a<<3);
}
```

运行结果：

200

左移1位相当于该数乘以2，左移3位相当于该数乘以$2^3=8$，即25≪3=200。但此结论只适用于该数左移时被溢出舍弃的高位全为0的情况。

6. 右移运算符(≫)

右移运算符"≫"是双目运算符,其功能是把左边操作数的二进位全部向右移动由右边操作数所指定的位数(右操作数必须是非负值),移到右端的低位被舍弃。

[例 12.14] 15≫1。

把 15 的二进制 000001111 右移一位后为 00000111(十进制数为 7)。

C 语言源代码:

```
#include "stdio.h"
void main()
{
  int a=15;
  printf("a=%d",a>>1);
}
```

运行结果:

a=7

其中,对于无符号数,高位补 0,对于有符号数,有些机器通过"算术移位"对左边空出部分用符号位填补,而有些机器则通过"逻辑移位"对左边空出的部分用 0 填补。对于负数,TC 和很多系统规定补 1。

[例 12.15] a 的八进制值为 101216,则 a 的二进制数为 1000001010001110。

逻辑右移 a≫1:0100000101000111

算术右移 a≫1:1100000101000111

TC 和其他一些 C 语言编译系统采用的是算术右移,即对有符号数右移时,如果符号位原来为 1,左面移入高位的是 1。

C 语言源代码:

```
#include <stdio.h>
void main()
{
  int a=0101216;
  printf("%o",a>>1);
}
```

运行结果:

140507(注,该数为八进制)

7. 位运算赋值运算符

位运算符与赋值运算符可以组成复合赋值运算符。例如:&=,|=,≫=,≪=,∧=。a &=b 相当于 a=a & b,a ≪=2 相当于 a=a ≪ 2。

在此不再赘述。

12.2 位域

为了节省存储空间,并使问题处理简便,C 语言提供了一种称为"位域"或"位段"的数据结构。“位域”是把一个字节中的二进位划分为多个不同的域，每个域的位数可以分别说明，每个域有一个域名，在程序中对域按域名操作。这样就把不同的对象用一个字节的二进制位域来分别表示。例如，有些信息在存储时，并不需要占用整个字节，只需占一个或几个二进制位就够了，这种信息我们可以采用位域方式来存储。再例如，存放一个状态量时只有0和1两种状态，用一位二进位即可表示。

1. 位域的定义和位域变量的说明

位域定义与结构体定义相似，其形式为：

```
struct 位域结构名
{位域列表；
}；
```

其中位域列表形式为：类型说明符位域名：位域长度。

例如：

```
struct s1
{
  int a:3;
  int b:5;
  int c:2;
  int d:6;
};
```

2. 位域变量的说明

位域变量的说明有三种方式：

(1) 先定义后说明；

(2) 定义同时说明；

(3) 直接说明。

例如：

```
struct s2
{
  int a:2;
  int b:6;
  int c:3;
}data;
```

说明data为s2位域结构变量，占两个字节。其中位域a占2位，位域b占6位，位域c占3位。

对于位域的定义的几点说明：

(1) 一个位域不能跨两个字节。

如一个字节所剩空间不足以存放另一位域时，应从下一新存储单元作为起始存放该位域。也可以强制使某位域从下一新单元开始存放。例如：

```
struct s3
```

```
{
  unsigned a:4;
  unsigned:0;
  unsigned b:4;
  unsigned c:4;
}
```

其中,a占第一字节的低4位,unsigned:0表示空域,即高4位填0,表示不使用。b从第二字节开始,占用低4位,c占用高4位。

(2) 位域的长度小于8位。

由于位域不允许跨两个字节,即不能超过8个二进制位。

(3) 位域可以无位域名。

这种位域通常只作填充或调整位置。无名位域是无法使用的。例如:

```
struct s4
{
  int a:1;
  int:2;
  int b:1;
  int c:4;
};
```

其中,int:2;表示这两位无位域名,不能使用。

由此看出,位域其本质就是一种成员按二进制位分配的结构体类型。

3. 位域的使用

一般形式:

位域变量名.位域名

C语言源代码:

```
  #include <stdio.h>
  void main()
{
  struct s5
  {
  unsigned x:1;
  unsigned y:4;
  unsigned z:3;
  } bit, * pbit;          /* 定义了位域结构s5,三个位域为x、y、z,指向s5类型的指针
                             变量pbit */
  bit.x=1;
  bit.y=9;
  bit.z=6;                /* 分别给三个位域赋值 */
  printf("bit.x=%d,bit.y=%d,bit.z=%d\n",bit.x,bit.y,bit.z);
```

```
                  /*以整型格式输出三个位域的内容*/
  pbit=&s5;       /*位域变量 bit 的地址赋给指针变量 pbit */
  pbit->x=0;
  pbit->y&=10;    /*使用了复合的位运算符"&=",相当于 pbit->b=pbit->
                  b&10,结果为 8 */
  pbit->z|=3;
                  /*使用了复合位运算符"|=", 相当于 pbit->c=pbit->c|
                  3,其结果为 7 */
  printf("pbit->x=%d,pbit->y=%d,pbit->z=%d\n",pbit->x,pbit->y,
  pbit->z);
                  /*用指针方式输出了这三个域的值*/
}
```

运行结果：

bit. x=1 bit. y=9 bit. z=6

pbit->x=0 pbit->y=8 pbit->z=7

习题十二

1. 运算符 && 、& 、||、| 中,优先级最低的是________,优先级最高的是________。
2. 若 a=6、b=8, 则 a&b 的值是________。
3. 若 x=10,y=56,则 x|y 的结果是________。
4. 表达式 0x15|0x27 的值是________。
5. 若有以下程序段,则执行以下语句后 x、y 的值分别是________。

```
main()
{int x=5,y=6;
  x=x^y;
  y=y^x;
  x=x^y;
printf("%d,%d",x,y)
}
```

6. 设有"char a,b;",现要屏蔽 a 中的某些位,通过 a 与 b 进行 & 运算,只保留第 3 位和第 5 位(右起为第 1 位),则 b 的二进制数是________。
7. 以下程序的运行结果是________。

```
main()
{char x=23;
x=x&023;
printf("%d,%o\n",x,x);
}
```

8. 设二进制数 x 的值是 11000011。若想通过 & 运算使 x 中的高 4 位不变，低 4 位清零，则 y 的二进制数是________。

9. 以下程序的运行结果是________。

```
main()
{char a=0x28,b,c;
b=(a&0x7)<<2;
c=(a&0x60)>>3;
c=a&c;
printf("%x\n",c);
}
```

10. 以下程序的运行结果是________。

```
main()
{unsigned a=0254,x,y;
   int z=10;
   x=a<<(16-z);
   printf("x=%o\n",x);
   y=a>>z;
   printf("y1=%o\n",y);
   y|=x;
   printf("y2=%o\n",y);
}
```

13 文 件

在前几章介绍的程序中，数据均是从键盘输入的，数据的输出均送到显示器显示。但是，在实际应用中，计算机作为一种先进的数据处理工具，它所面对的数据仅依赖于键盘输入和显示输出等方式是完全不够的。通常将这些数据记录在某些存储介质上，利用这些介质的存储特性，携带数据或长久地保存数据，这种记录在外部介质上的数据的集合称为文件。C 语言的输入/输出函数库提供了大量的函数，用于完成数据文件的建立、数据的读写以及数据的追加等操作。本章将介绍如何使用这些函数完成文件的建立、读/写等基本操作。

13.1 文件的概念

13.1.1 文件

1. 什么是文件

文件是程序设计中的一个重要概念。所谓文件，一般是指存储在外部介质上数据的集合。一批文件是以数据的形式存放在外部存储设备上的，这就要用到磁盘文件。文件是存放在计算机内的一组相关数据。C 语言将文件看作是一个字符(字节)序列，即一个一个字符(字节)数据顺序组成。

2. 文件的分类

在 C 语言中，文件有多种分类方法：

(1) 按其存放的内容可分为程序文件和数据文件。

(2) 根据数据的组成可分为 ASCII 文件和二进制文件。ASCII 文件每一个字节存放一个 ASCII 字符，例如整型常量 2145 在内存中按 int 型占 2 个字节，但是 ASCII 文件则将 2145 以“2”、“1”、“4”、“5”四个字符存放，占 4 个字节。二进制文件把内存中的数据按其在内存中的存储形式输出到磁盘上存放，2145 按 int 型以 2 个字节存放。前者占空间多，需要转换，后者节省空间和转换时间，但一个字节不能对应一个字符，不可以直接输出字符形式。

(3) 按文件的逻辑结构分为记录文件和流式文件。前者由具有一定结构的记录组成(定长和不定长)，后者由一个个字符(字节)数据顺序组成。

(4) 按存储介质分为普通文件和设备文件。存储介质普通文件包括磁盘、磁带等，设备文件包括非存储介质(键盘、显示器、打印机等)。

(5) 按照对文件的不同处理方式，在 C 语言中文件可分为缓冲文件和非缓冲文件。

13.1.2 文件指针

C 语言规定文件是一种特殊的结构体类型，该结构体中的成员记录了处理文件时所需的信息。该结构体已在头文件“stdio.h”中按下列格式进行了定义，在学习过程中不用管文件的具体定义，只要会用就行了。用户可以直接使用“FILE”类型名来定义这个结构体的指针变量，并通过它来处理文件。用“FILE”定义的指针变量通常称为“文件类型指针”。

文件类型指针定义的一般形式为：

FILE *文件指针名1；

其中，文件指针名是用户自定义的标识符。

注意：使用“FILE”定义文件指针时，必须在程序的开头增加编译预处理命令＃include <stdio.h>，因为文件结构体类型是在“stdio.h”中定义的。

在缓冲文件系统中进行文件的操作一般分为三个步骤：打开文件，操作文件，关闭文件。

打开文件：建立用户程序与文件的联系。

操作文件：对文件的读、写、追加和定位操作。

关闭文件：切断文件与程序的联系，将文件缓冲区的内容写入磁盘，并释放文件缓冲。

13.1.3　文件结束的判定

在C语言文件系统中，系统自动设置文件指针，可以利用文件指针函数判断文件是否结束。文件指针函数是feof。

在文本文件中，数据都是以ASCII代码存放，由于ASCII的取值范围为0～255，不会出现－1，因此在文件尾加－1作为文件结束标志，用函数feof可以测试到文件结束标志－1。

feof函数的一般调用格式为：feof(文件指针)。

功能：测试文件指针所指向的文件其内部读写位置指针是否到达文件尾。

返回值：如果文件结束，则返回值为1，否则为0。

例如：

```
while(! feof(fp))
{int c;
c=fgetc(fp);
……
}
```

当未遇到文件的结束标志－1时，feof(fp)即可检测到并且返回值为0，此程序段的含义是：当! feof(fp)为1，读入一个字节的数据赋给整型变量c，并接着对其进行所需的处理。直到遇到文件结束，feof(fp)的值为1，! feof(fp)为0，不再执行while循环。这种方法也适用于文本文件。

13.2　文件的打开与关闭

文件在进行读写操作之前要先打开，使用完毕要关闭。所谓打开文件，实际上是建立文件的各种有关信息，并使文件指针指向该文件，以便进行其他操作。关闭文件则断开指针与文件之间的联系，也就禁止再对该文件进行操作。在C语言中，文件操作都是由库函数来完成的。这两个系统函数均包含在头文件“stdio.h”中。

13.2.1　文件的打开

文件在进行读写操作之前要先打开，然后才能对文件进行数据的操作。C语言中利用fopen函数来打开一个文件，其调用的一般形式为：

fp=fopen(文件名，使用文件方式)；

其中，"fp"是用FILE * fp定义的FILE类型的指针变量，"文件名"是被打开文件的文件名(文件名必须包括其路径)，文件名是由字符串常量或字符串数组组成的。例如：

```
FILE * fp;
fp=("myfile","r");
```

其含义是在当前目录下打开文件myfile，并且只允许进行读操作，同时使文件指针fp指向该文件。但是应该注意，在文件名串中，不得直接使用路径描述符"\"，而必须采用其转义字符形式"\\"，第一个"\"表示转义字符，第二个"\"表示路径描述符。

13.2.2　文件的使用

一般使用到文件的C语言程序段，都会有下面的几句话，用来提示文件的打开和关闭状态：

```
if((fp=fopen("文件名","使用方式")==NULL)
{printf("\n cannot open file d:\cfile!");
  exit(1) ;
}
```

(1) 其中的"文件名"必须是被说明为FILE类型的指针变量。

(2) 文件使用方式由r(read)、w(write)、a(append)、t(text)、b(binary)、+(read/write)6个字符拼成。其中，用"r"方式打开一个文件时，该文件必须已经存在，且只能从该文件读出。"w"方式打开的文件只能向该文件写入，若打开的文件不存在，则以指定的文件名建立该文件，若打开的文件已经存在，则将该文件删去，重建一个新文件。"a"方式打开的文件可以向其末尾追加新的数据。"b"方式表示打开的是二进制文件。"t"方式表示打开的是文本文件。"+"表示打开的文件既可以用来输入，又可以用来输出。

(3) 若要向一个已存在的文件追加新的信息，只能用"a"方式打开文件。但此时该文件必须是存在的，否则将会出错。

(4) 在打开一个文件时，如果出错，fopen将返回一个空指针值NULL。在程序中可以用这一信息来判别是否完成打开文件的工作，并作相应的处理。因此常用以下程序段打开文件：

```
if((fp=fopen("d:\\cfile","rb")==NULL)
{
printf("\n cannot open file d:\cfile!");
getch();
exit(1) ;
}
```

这段程序的含义是，如果返回的指针为空，则表示不能打开d盘根目录下的cfile文件，并给出提示信息“cannot open file d:\ cfile!”,下一行 getch();的功能是从键盘输入一个字符,但不在屏幕上显示。在这里,该行的作用是等待,只有当用户从键盘敲任一键时,程序才继续执行,因此用户可利用这个等待时间阅读出错提示。敲键后执行 exit(1);退出程序。

13.2.3　文件的关闭

文件一旦使用完毕,应用文件关闭函数 fclose 把文件关闭,以避免文件的数据丢失等错误。

fclose 函数调用的一般形式是:

fclose(文件指针);

正常完成关闭文件操作时,fclose 函数返回值为 0;否则返回 EOF(-1)。如返回非零值则表示有错误发生。

13.3　文件的读写

13.3.1　字符的读写

对文件的读写操作,都是通过系统函数完成的。

1. 写字符函数(fputc 函数或 putc 函数)

fputc()函数功能是把一个字符写到磁盘文件中去。

其调用的一般形式为:

fputc(ch,fp);

其中 ch 是要输出的字符,它可以是一个字符常量,也可以是一个字符变量。fp 是文件指针变量,它从 fopen 函数得到返回值。上面 fputc(ch,fp)函数的作用是将字符(ch 的值)输出到 fp 所指向的文件中去。

fputc 函数也带回一个值:如果输出成功,则返回值就是输出的字符;如果输出失败,则返回一个 EOF。

[例 13.1]　编写程序,将字符“Z”写到文件 test.txt 中,然后从文件中将此字符读出并在屏幕上显示。

```
#include <stdio.h>
void main()
{   FILE * fp;
    fp=fopen("d:\\test.txt","w");
    fputc('Z',fp);
    fclose(fp);
    fp=fopen("d:\\test.txt","r");
    putchar(fgetc(fp));
    close(fp);
}
```

文件 test 一次将字符送入,一次将字符输出显示在屏幕上。

2. 读字符函数(fgetc函数或getc函数)

fgetc函数从指定文件读入一个字符。该文件必须是以读或读写方式打开的。

其调用的一般形式为：

```
ch=fgetc(fp);
```

其中,fp为文件型指针变量,ch为字符变量。fgetc函数带回一个字符,赋给ch。如果执行fgetc读字符时遇到文件结束符,函数返回一个文件结束标志EOF,EOF在stdio.h中定义为-1。如果想从一个磁盘文件顺序读入字符并在屏幕上显示出来,可以运行以下程序：

```
ch=fgetc(fp);
while (ch! =EOF)
{putchar(ch);
  ch=fgetc(fp);
}
```

[例13.2]　输出上面例子的文件内容。

```
#include <stdio.h>
void main()
{FILE * fp;
  char ch;
if((fp=fopen("d:\\test.txt", "r"))==NULL)
  {printf("\n Cannot open file!");
  exit(1) ;
}
  while((ch=fgetc(fp))! =EOF)
  putchar(ch);
  fclose(fp);
  }
```

运行文件,在DOS提示符下利用d:\type test.txt命令可以看到文件内容,比较是否一致。

13.3.2　字符串的读写

1. 写字符串函数(fputs)

fputs函数的一般调用形式为：

```
fputs(字符串, fp);
```

其中,fp为待写入文件的文件指针,字符串可以是字符串常量,也可以是指向字符串的指针或字符数组名。

fputs函数的功能是向指定的文件写入一串字符。该函数对应于标准I/O函数puts,但两者有区别。

写入文件时将写入字符串后的NULL字符丢掉(即NULL字符不写到文件中去,而

puts 函数将把 NULL 字符换成换行字符输出)。该函数的返回值是一个 int 类型的数据,当写入成功时返值为 0,不成功时返回非 0 值。

如 fputs("China",fp);

2. 读字符串函数(fgets)

fgets 函数调用的一般形式为:

fgets(字符串,n,fp);

如 fgets(str,n,fp);

从 fp 指向的文件输入 n−1 个字符,并把它们放到字符数组 str 中。如果在读入 n−1 个字符结束之前遇到换行符或 EOF,读入即结束。字符串读入后在最后加一个"\0"字符,fgets 函数返回值为字符串的首地址。

该函数类似于标准 I/O 函数 gets,两者之间的区别在于 gets 遇到一个换行字符时将其转换成 NULL 字符,而 fgets 函数不进行这种转换,它把遇到的换行字符作为一普通字符来处理。输入时,若遇到 EOF、指定的字符个数已读完或换行字符,fgets 函数总是在读入的字符串后自动加上一个 NULL 字符。

[例 13.3]　在已知 test. txt 文件中包含字符串"C program",利用 fgets 函数读取该文本文件。

```
#include <stdio.h>
#include <string.h>
void main()
{FILE * fp;
char str[50];
  if ((fp=fopen("d:\\test.txt", "r"))==NULL)
  {printf("cannot open the %s\n");
    exit(1) ;
  }
  fgets(str,11,fp);
  printf("\n%s",str);
  fclose (fp);
}
```

此程序的功能是从文件读取一行字符串,输出到屏幕上。

13.3.3　数据块的读写

下面的两个函数专门针对二进制数据块进行操作。

1. 数据块的写文件函数 fwrite

fwrite 函数的一般调用形式为:

fwrite(buffer,size,count,fp);

其中:

(1) buffer 是一个指针,在 fwrite 函数中,它用来指出数据的输出地址;

(2) size是指每次要写的字节数；
(3) count是指要读写多少个size大小的数据项；
(4) fp是文件型指针。

注意：每次完成写操作(fwrite)后必须关闭流(fclose)。

[例13.4]　编写程序，将数组中的数写进文件test.txt中。

```
#include <stdio.h>
void main()
{int x[5]={1,2,3,4,5},i;
FILE * fp;
fp=fopen(" d:\\test.txt","wb ");
for(i=0;i<5;i++)
{    fwrite(&x[i],sizeof(int),1,fp);}
     fclose(fp);
}
```

程序中的循环部分是将数组中的元素写到文件中。

2. 数据块的读文件函数fread

fread函数的一般调用形式：

fread(buffer,size,count,fp);

其中：

(1) buffer是一个指针，在fread函数中，它用来指出待读入数据的存放地址；
(2) size是每次要读写的字节数；
(3) count是指要读多少个size大小的数据项；
(4) fp是文件型指针。

注意：完成一次读操作(fread)后，如果关闭流(fclose)，则文件指针fp将自动向后移动前一次读写的长度，否则下一次读操作将接着上次的输出继续输出。

[例13.5]　从上例建立的test.txt文件中读出数据，并输出到屏幕上。

```
#include <stdio.h>
void main()
{int y[5],i;
FILE * fp;
fp=fopen("d:\\test.txt","rb ");
for(i=0;i<5;i++)
{    fread(y,sizeof(int),1,fp);}
     fclose(fp);
for(i=0;i<5;i++)
printf("\n%d",y[i]);
}
```

程序运行时，不需从键盘输入任何数据，屏幕上显示信息。

13.3.4　格式化读/写文件函数(fprintf 函数和 fscanf 函数)

调用格式：

fprintf(文件指针,"格式控制",输出列表)；

fscanf(文件指针,"格式化控制",& 地址列表)；

使用 fprintf 函数总是将输出项在内存中的表示形式按指定的格式转换成字符串形式，再写入到指定的文件中去；使用 fscanf 函数从文件中读出的数据一定是按字符串形式(文本形式)存在的。读出后的数据总按相应的输入项对应的格式说明转换成内存中的存储形式，再赋给对应的输入项。由于这两个函数在读出/写入处理的过程中要对数据进行格式转换，执行速度较慢。

用 fprintf 和 fscanf 这两个函数对磁盘文件进行读写，使用方便，容易理解，但由于在输入时要将 ASCII 码转换为二进制形式，在输出时又要将二进制形式转换成字符，花费的时间较多。因此，在内存与磁盘频繁交换数据的情况下，最好不用这两个函数，而用 fread 和 fwrite 函数。

[例 13.6]　应用 fprintf 函数建立文本文件并写入内容。

```
#include <stdio.h>
void main()
{
FILE * fp;
long a[2]={1234,5678};
if ((fp=fopen("d:\\test.txt","w"))==NULL)
{printf("cannot open file\n");
exit(0);
  }
fprintf(fp,"%ld,%ld\n",a[0],a[1]);
fclose(fp);
}
```

[例 13.7]　应用 fscanf 函数读取文本文件内容(此例子的文件是上一题建立的)。

```
#include <stdio.h>
void main()
{
  FILE * fp;
  long a[2];
  if ((fp=fopen("d:\\test.txt","r"))==NULL)
  {printf("cannot open file\n");
   exit(0);
  }
  fscanf(fp,"%ld,%ld",&a[0],&a[1]);
  printf("%ld,%ld\n",a[0],a[1]);
```

```
  fclose(fp);
}
```

在此程序中,建立文本文件时,利用 fprintf 函数写入的数据不会自动产生换行符,所以在 fprintf 函数的格式串中要加入“\n”形成以换行符为分隔符的行记录。从文本文件中读取数据时,由于其信息是以 ASCII 形式存储的,因此可根据需要选取 fgets、fgetc 或fscanf 函数。

13.4　文件的定位

1. rewind 函数

rewind 函数语句的功能是使位置指针重新返回文件的开头。

一般调用形式:

rewind(fp);

[例 13.8]　利用 rewind 函数将文件 text. txt 中的内容输出两次。

```
#include <stdio.h>
void main()
{   FILE * fp;
      if ((fp=fopen("d:\\test.txt","r+"))==NULL)
  {printf("cannot open file\n");
   exit(0);
  }
   while(! feof(fp))
        putchar(fgetc(fp));
   rewind(fp);
   while(! feof(p1))
        putcchar(fgetc(fp));
   fclose(fp1);
}
```

2. fseek 函数

语句格式:fseek(fp,位移量 w,起始点 s);

此 fseek 函数的功能是使位置指针移到距起始点偏移 w 个字节处。其中,w 为负数时表示向文件头方向移动,w 为正数表示向文件尾方向移动,w 为 0 表示不移动。起始点 s 可为 0、1、2,s=0 表示文件头、s=1 表示当前位置、s=2 表示文件末尾。

[例 13.9]　根据例 13.4 和例 13.5 中的文件,将 d:\text. txt 中的数据输入文件中,并在屏幕上显示出来。

```
#include <stdio.h>
void main()
{   int i;
```

```
    FILE * fp;
    int y[5];
   if((fp=fopen("d:\\text.txt","rb"))==NULL)
   {printf("cannot open file\n"); exit(0);}
   for(i=0;i<5; i++)
    {fseek(fp,-i * sizeof(int),0);
     fread(&y,sizeof(int),5,fp);
     printf(" %d \n",y[i]);
    }
    fclose(fp);
}
```

3. ftell 函数

ftell 函数的功能是得到流式文件的当前位置，用相对于文件开头的位移量来表示。如果 ftell 函数的返回值为－1L，则表示出错。

一般调用形式：ftell(fp)；

例：i=ftell(fp)；

if(i==－1L) printf("error\n")；语句中变量 i 存放当前位置，若调用函数出错(如不存在此文件)，则输出“error”。

13.5 文件检测函数

为了发现文件读写时出现的错误和文件是否结束，C 语言提供了一些检测函数。C 语言中常用的文件检测函数有以下两个：

1. 出错检测函数 ferror

ferror 函数调用格式：ferror(文件指针)；

如果 ferror 返回值为 0 表示未出错，否则表示有错。文件出错标志和文件结束标志置 0。

2. 清除错误标志函数(clearerr())

clearerr 函数调用格式：clearerr(文件指针)；

其作用是将文件错误标志和文件结束标志置为 0。

13.6 小结

本章讲解了 C 语言文件的操作方法，包括文件指针的说明，文件的打开函数 fopen()，关闭函数 fclose()，读写文件的函数 fgetc()、fputc()、fgets()、fputs()、fread()、fwrite()、fprintf()、fscanf()，文件定位函数 rewind()、fseek()、ftell()，文件结束判断函数 feof()，文件检测函数 ferror()、clearerr()等。需要熟练掌握的是文件的打开、关闭和读写函数。

注意：需要用文件时，先要打开文件；使用完毕后，应立刻关闭。

综合训练(一)

一、选择题(每小题 1 分,共计 10 分)

1. 以下叙述正确的是(   )。

   A. 在编译时可以发现注释中的拼写错误

   B. C 语言程序的每一行只能写一条语句

   C. main(){}必须位于程序的开始

   D. C 语言程序可以由一个或者多个函数组成

2. 以下选项中不能用作变量名的是(   )。

   A. _float　　B. switch　　C. sum　　D. _123

3. 若定义"int m=7,n=12;",则能得到值为 3 的表达式是(   )

   A. n%=(m%=5)　　B. n%=(m-m%5)

   C. n%=m-m%5　　D. (n%=m)-(m%=5)

4. 已知 sizeof(int)的值为 2,为将 10! 的值存储到变量 f 中(10! =3628800),变量 f 的类型应声明为(   )。

   A. long int　　B. int　　C. short int　　D. unsigned int

5. 若有声明"double x=3,c,* a=&x,* b=&c;",则下列语句中错误的是(   )。

   A. a=b=0;　　B. a=&c;b=a;　　C. &a=&b;　　D. * b=* a;

6. 数学式$\frac{\sqrt{a}}{2b}$在 C 语言程序中正确的表示形式为(   )。

   A. sqrt(a)/2 * b　　B. sqrt(a)/2/b

   C. sqrt(a)/2b　　D. sqrt(a)/(2 * b)

7. 为了避免嵌套的 if-else 语句的二义性,C 语言规定 else 总是与(   )组成配对关系。

   A. 缩排位置相同的 if

   B. 在其之前未配对的 if

   C. 在其之前最近的未配对的 if

   D. 同一行上的 if

8. 关于下面的程序,以下选项中正确的是(   )。

```
main()
{ int x=3,y=0,z=0;
  if (x=y+z) printf("* * * *");
       else printf("# # # #");}
```

   A. 有语法错误不能通过编译

   B. 输出* * * *

   C. 可以通过编译,但是不能通过连接,因而不能运行

   D. 输出# # # #

9. 设 x 和 y 均为 int 型变量,则执行下面的循环后,y 值为(   )

```
for(y=1,x=1;y<=50;y++)
{ if(x>=10)break;
  if(x%2==1){x+=5;continue;}
  x-=3;}
```

A. 2　　B. 4　　C. 6　　D. 8

10. 已知有程序段“char str[][10]={"Aoyun","Beijing"}, * p=&str[0][0];printf("%s\n",p+10);”,则执行 printf 语句后输出为(　　)。

A. Beijing　　B. Aoyun　　C. ing　　D. ng

二、填空题(每空 2 分,共计 50 分)

1. 已知有函数定义“int fun() {return (4.5);}”,则调用 fun 后的函数返回值是________。

2. 设有声明“int a=3,b=4; float x=4.5, y=3.5;”,则表达式 (float)(a+b)/2+(int)x%(int)y 的值是________。

3. 若有定义“enum TP{A,B,C};”,则执行语句“printf("%d\n",A+1);”后输出结果是________。

4. C 语言中,函数实参与形参之间只能进行________值传递。

5. 设有说明语句“int a[3][4]={{1,2},{3,4,5},{6,7,8}};”,则 a[0][2]的初始化值为________。

6. 以下程序运行时输出结果为________。

```
#include <stdio.h>
void main()
{    int i,sum=0;
     for(i=0;i<5;i++)
       {switch(i)
         {case 0:
           case 1: sum++;
           case 2: sum++;
           case 4: sum--; break;
         }
       }
     printf("%d\n",sum);
}
```

7. 以下程序运行时输出结果为________。

```
void PrintStr(char * s)
{
  if ( * s)
    PrintStr(s+1);
  puts(s);
}
```

```
void main()
{
  PrintStr("China");
}
```

8. 以下程序运行后输出结果为________。

```
#include<stdio.h>
#include<string.h>
void sf(char * s1, char * s2)
{if( * s1= * s2)
  sf(s1+1,s2+1);
}
void main()
{char a[20]="ABC",b[20]="xyz";
  sf(a+strlen(a),b);
  puts(a);
}
```

9. 以下程序运行后输出结果的第一行是________,第二行是________。

```
#include<stdio.h>
void main()
{int i,j,a[3][3];
  for(i=0;i<3;i++)
    for(j=0;j<3;j++)
      if(i<j)
        a[i][j]=1;
      else
        a[i][j]=i-j+1;
  for(i=0;i<3;i++)
    {for(j=0;j<3;j++)
        printf("%4d",a[i][j]);
      printf("\n");
    }
}
```

10. 设有以下程序:

```
main()
{int n1,n2;
scanf("%d",&n2);
while(n2! =0)
{n1=n2%10;
n2=n2/10;
```

```
printf("%d",n1);
}
}
```

程序运行后,如果从键盘输入1298,则输出结果为________。

11. 以下程序输出的最后一个值是________。

```
int ff(int n)
{static int f=1;
f=f * n;
return f;
}
main()
{int i;
for(i=1;i<=5;i++)
printf("%d\n",ff(i));
}
```

12. 以下程序中,for循环体执行的次数是________。

```
#define N 2
#define M N+1
#define K M+1 * M/2
main()
{int i;
  for(i=1;i<K;i++)
  {……}
  ……
}
```

13. 设有以下程序:

```
main()
{int a, b, k=4, m=6, * p1=&k, * p2=&m;
a=p1==&m;
b=( * p1)/( * p2)+7;}
```

执行该程序后,a的值为________,b的值为________。

14. 编写程序,计算 $s=1+(1+2)+(1+2+3)+\cdots+(1+2+3+\cdots+n)$ 的值。

```
#include <stdio.h>
main()
{
  int n,s,sum=0;
  scanf("%d",&n);
  for(int i=1;i<=n;i++)
  {
```

```
______________________;
    for(int j=1;j<=i;j++)
    ______________;
    sum+=s;
  }
  printf("%d",sum);
}
```

15. 以下 sstrcpy 函数实现字符串复制,即将 t 所指字符串复制到 s 所指向的内存空间中,形成一个新的字符串 s。请填空。

```
void sstrcpy(char * s,char * t)
{while( * s++=________);}
main()
{char str1[100],str2[]="abcdefgh";
  sstrcpy(str1,str2);
  printf("%s\n",str1);
}
```

16. 以下程序调用 invert 函数按逆序重新放置 a 数组中元素的值。a 数组中的值在 main 函数中读入。

```
#include <stdio.h>
#define N 10
invert(s,i,j)
int * s,i,j;
{int t; if(i<j){t= * (s+i); * (s+i)=(s+j); * (s+j)=t; invert(s, ________,
j-1);}}
main()
{int a[N],i;
for(i=0;i<N;i++) scanf("%d",a+________);
invert(a,0,N-1);
for(i=0;i<N;i++) printf("%d",a[i]);
printf("\n");}
```

17. 以下程序对二维数组 a 中存储的 N×N 矩阵做如下操作:先将每一行中值最大的元素与该行位于主对角线处元素交换,然后对主对角线上的所有元素排序使其左上角到右下角升序排列,最后输出排序后主对角线上各元素的值。试完善程序以实现所要求的功能。

```
#include<stdio.h>
#define N 5
void fun(int xr[][N],int n)
{
    int i,j,t,arr,col;
```

```
    for(i=0;i<n;i++)
    {
        arr=x[i][0];
        col=0;
        for(j=0;j<n;j++)
            if(x[i][j]>=arr)
            {
                arr=x[i][j];
            ________;
            }
            t=x[i][i];
            ________;
            x[i][col]=t;
    }
    for(i=0;i<n-1;i++)
        for(j=i+1;j<n;j++)
            if(________)
            {t=x[i][i]; x[i][i]=x[j][j]; x[j][j]=t;}
}
void main()
{int a[N][N]={{10,25,24,13,23},{11,22,12,21,14},{20,15,19,16,18},{17,
9,4,5,3},{2,1,6,7,8}},i;
    fun(a,N);
    for(i=0;i<N;i++)
        printf("%3d",a[i][i]);
    printf("\n");
}
```

18. 以下程序建立了一个带有头结点的单向链表，链表结点中的数据通过键盘输入，当输入数据为−1时，表示输入结束（链表头结点的 data 域不放数据，表空的条件是 ph−>next==NULL）。

```
#include<stdio.h>
struct list {int data;struct list * next;};
________creatlist()
{struct list * p, * q, * ph; int a;
ph=(struct list * ) malloc(sizeof(struct list));
p=q=ph; printf("Input an integer number,enter-1 to end:\n");
scanf("%d",&a);
while(a! =-1)
{p=(struct list * )malloc(sizeof(struct list));
```

```
    p->data=a;
    q->next=p;
    ________=p;
    scanf("%d",&a);}
    p->next='\0';
    return(ph);
  }
  main()
  {struct list * head; head=creatlist();}
```

三、改错题(每错 5 分,共计 20 分)

【程序功能】

对整型数组中的各个元素(各不相同)按其所存数据的大小进行编号(从小到大连续编号),要求不改变数组中各元素的顺序。

例如:数组 num 值为“3,14,4,25,13,17,20”,输出“1,4,2,7,3,5,6”。

【含有错误的源程序】

```
#include <stdio.h>
#define N 7
main()
{int num[N],s[n],i,j,k;
  static int ar[]=[3,14,4,25,13,17,20];
  for (i=0;i<N;i++) s[i]=a[i];
  for (i=0;i<N-1;i++)
  for (j=i+1;j<N;j++)
    if (s[j]<=s[i]) k=s[i]; s[i]=s[j]; s[j]=k;
  for (i=0;i<n;i++)
    for (j=0;j<n;j++)
    if (s[i]! =a[j])
      {num[j]=i; break;}
  for (i=0;i<N;i++) printf("%5d",a[i]);
  printf("\n");
  for (i=0;i<N;i++) printf("%d",num[i]);
  printf("\n");
}
```

四、编程题(共计 20 分)

【程序功能】

求满足条件 $abcd=(ab)^2+(cd)^2$ 的所有四位数。例如:a=8,b=8,c=3,d=3 时就满足条件,即 $8833=(88)^2+(33)^2$。

综合训练(二)

一、选择题(每小题 1 分,共计 10 分)

1. 在下列 C 语言源程序的错误中,通常不能在编译时发现的是(　　)。

   A. 括号不匹配　　B. 非法标识符

   C. 数组元素下标值越界　　D. 语句后面缺少分号

2. 在以下各组标识符中,均可以用作变量名的一组是(　　)。

   A. b01,Int　　B. table_1,a *.1

   C. 0_a,W12　　D. for,point

3. 若有声明"long a,b;",且变量 a 和 b 都需要通过键盘输入获得初值,则下列语句中正确的是(　　)。

   A. scanf("%ld%ld,&a,&b");　　B. scanf("%d%d",a,b);

   C. scanf("%d%d",&a,&b);　　D. scanf("%ld%ld",&a,&b);

4. 若有程序段"char c=256;int a=c;",则执行该程序段后 a 的值是(　　)。

   A. 256　　B. 65536　　C. 0　　D. −1

5. 设 x 和 y 均为 int 型变量,则以下语句:x+=y;y=x−y;x−=y;的功能是(　　)

   A. 把 x 和 y 按从大到小排列　　B. 把 x 和 y 按从小到大排列

   C. 无确定结果　　D. 交换 x 和 y 中的值

6. 语句 printf("a\bre\'hi\'y\\\bou\n");的输出结果是(　　)

   A. a\bre\'hi\'y\\\bou　　B. a\bre\'hi\'y\bou

   C. re'hi'you　　D. abre'hi'y\bou

7. 表示关系 X≤Y≤Z 的 C 语言表达式是(　　)

   A. (X<=Y)&&(Y<=Z)　　B. (X<=Y)AND(Y<=Z)

   C. (X<=Y<=Z)　　D. (X<=Y)&(Y<=Z)

8. 设 x、y、z、t 均为 int 型变量,则执行以下语句后,t 的值为(　　)

   x=y=z=1;t=++x||++y&&++z;

   A. 不定值　　B. 2　　C. 1　　D. 0

9. 若在一个 C 语言源程序中"el"和"e3"是表达式,"s"是语句,则下列选项中与语句"for(el;;e3)S;"功能等同的语句是(　　)。

   A. el;while(10) s;e3;　　B. el;while(10) {s;e3;}

   C. el;while(10) {e3;s;}　　D. while(10) {el;s;e3}

10. 若有声明"int a[3][4], * p=a[0],(* q)[4]=a;",则下列叙述中错误的是(　　)。

    A. a[2][3]与 q[2][3]等价　　B. a[2][3]与 p[2][3]等价

    C. a[2][3]与 *(p+11)等价　　D. a[2][3]与 p=p+11, * p 等价

二、填空题(每空 2 分,共计 50 分)

1. 表达式 a=3 * 5,a * 4,a+5 的值是________。

2. 设 char string[]="This_is_a_book!",则数组的长度应是________。

3. 有函数调用“fun1(x+y,(y,z),10,fun((x,y--1)));”,则函数 fun1 有________个参数。
4. 若有声明“char s[10]="remind";”,执行“puts(s+2);”后的输出结果是________。
5. 已知某程序中有预处理命令“#include <stdio.h>”,为使语句“zx=fopen("c:\\a.txt","r");”能正常执行,在该语句之前必须声明________。
6. 如果输入值 6、10,则以下程序的运行结果是________。

```
main()
{float a,b;
  int c;
  scanf("%f,%f",&a,&b);
  c=max(a,b);
  printf("Max is %d\n",c);
}
max(float x, float y)
{float z;
  z=x>y? x:y;
  return(z);
}
```

7. 如果 a、b 的值分别为 5、9,则以下程序的运行结果是________。

```
swap(p1,p2)
int * p1, * p2;
{    int p;
     p= * p1;
     * p1= * p2;
     * p2=p;
}
main()
{    int a,b;
     scanf("%d,%d",&a,&b);
     printf("a=%d,b=%d\n",a,b);
     printf("swapped: \n");
     swap(&a,&b);
     printf("a=%d,b=%d\n",a,b);
}
```

8. 使用命令行方式执行下列程序时,输出结果是________。

命令:test China Nanjing Forest University

```
main(int argc, char * argv[])   /* test.c */
{while(argc>1)
  {   ++argv;
```

```
        printf("%s\n", * argv);
        --argc;
    }
}
```

9. 以下程序运行时输出结果是________。

```
void PrintStr(char * s)
{
  if ( * s)
    PrintStr(s+1);
  putchar( * s)
}
void main()
{
  PrintStr("China");
}
```

10. 以下程序运行时输出结果是________。

```
#include<stdio.h>
void f(long x)
  {if(x<100) printf("%d",x/10);
    else{f(x/100);printf("%d",x%100/10);}
  }
main()
  {f(123456);}
```

11. 以下程序运行时输出结果是________。

```
void main()
{int x=1,y=0,a=0,b=0;}
  switch(x)
  {case 1:
          switch(y)
          {case 0: a++; break;
            case 1: b++; break;
          }
     case 2: a++;b++; break;
     case 3: a++;b++;
  }
  printf("\na=%d,b=%d",a,b);
}
```

12. 以下程序运行时输出结果中第一行是________,第二行是________,第三行是________。

```
#include<stdio.h>
main()
{int i,j,a[3][3]={0};
  for(i=0;i<3;i++)
   for(j=0;j<3;j++)
    switch(i-j+2)
    {case 0:
     case 1:a[i][j]=1;break;
     case 2:a[i][j]=2;break;
     case 3:a[i][j]=3;break;
     case 4:a[i][j]=5;break;
    }
    for(i=0;i<3;i++)
    {for(j=0;j<3;j++)
         printf("%4d",a[i][j]);
      printf("\n");
    }
}
```

13. 若输入三个整数 3、2、1,则下面程序的输出结果是________。

```
#include<stdio.h>
void sub(n,uu)
int n, uu[];
{int t;
  t=uu[n--]; t+=3 * uu[n];
  n=n++;
  if(t>=10)
       {uu[n++]=t/10; uu[n]=t%10;}
  else uu[n]=t;
}
main()
{int i, n, aa[10]={0,0,0,0,0,0};
  scanf("%d%d%d",&n,&aa[0],&aa[1]);
  for(i=1; i<n; i++) sub(i,aa);
  for(i=0; i<=n; i++) printf("%d",aa[i]);
  printf("\n");
}
```

14. 以下函数的功能是:判断整数 n 是否为素数,如果是素数返回 1 否则返回 0。

```
int prime(int x)
{int i;
```

```
  for (i=2;i<=n/2;i++)
    if (n%i==0)
      ________;
  ________;
}
```

15. 以下程序的功能是：从键盘上输入一行字符，存入一个字符数组中，然后输出该字符串，请填空。

```
#include "ctype.h"
#include "stdio.h"
main()
{char str[81], * sptr;
  int i;
  for(i=0;i<80;i++)
    {str[i]=getchar();
        if(str[i]=='\n') break;
    }
  str[i]=________;
  sptr=str;
  while( * sptr) putchar( * sptr ________);
}
```

16. 程序功能：用牛顿迭代法求方程 $3x^3-3x^2+x-1=0$ 在 2.0 附近的一个实根，精度要求为 10^{-5}。函数 f 求 f(x)的值，函数 f1 求 f(x)的一阶导数值。牛顿迭代公式如下：

x=x0-(f(0)/f1(x0))

```
#include<stdio.h>
#include<math.h>
float f(float x)
  {return x * (3 * x * (x-1)+1)-1;}
float f1(float x)
  {return 9 * x * x-6 * x+1;}
float newtoon(float x)
  {float f,f1,x0;
    do
    {________;
        f=f(x0);
        f1=f1(x0);
        x=________;
    }while(fabs(x-x0)>1e-5);
    return x;
  }
```

```
main()
{float x0;
    scanf("%f,,&x0);
    printf("the result=%.2f\n",newtoon(x0));
}
```

17. 设一个单向链表结点的数据类型定义为：

```
struct node
{int x;
  struct node * next;
};
```

fun 函数从 h 指向的链表第二个结点开始遍历所有结点，当遇到 x 值为奇数的结点时，将该结点移到 h 链表第一个结点之前，函数返回链表首结点地址。print 函数输出 p 指向的链表中所有结点的 x 值。程序运行后的输出结果是“1 3 4 2”。

```
#include<stdio.h>
#define N 4
struct node
{int x;
  struct node * next;
};
void print(stmct node * p)
{while (________)
  {printf("%4d",________);p=p->next;}
  printf("\n");
}
struct node * fun(struct node * h)
{struct node * p1, * p2, * p3;
  p1=h;p2=p1->next;
  while(p2)
  {if(p2->x%2)
    {p3=p2;
    p1->next=________;
    p2=p1->next:
    p3->next=h;
    ________;
    }
  else
    {p1=p2;p2=p2->next;}
  }
  return h;
}
```

```
    main()
    {struct node a[N]={{4},{3},{2},{1}}, * head=a;int i,num;
      for(i=0;i<N-1;i++) a[i]. next=&a[i+1];
      a[i]. next=0;
      head=fun(head);
      print(head);
    }
```

三、改错题(每错 5 分,共计 20 分)

【程序功能】

输入一行字符(最多 80 个),从第 loca 个位置开始,截取 number 个字符并将其输出。如果 loca 的值超过输入字符串的长度,则不做截取操作;若从 loca 位置起,其后的字符个数不足 number 个,则截取到字符串结束字符为止。截取操作由函数 cut 实现,其形式参数表示:字符串的存放处、截取位置、截取字符个数。

【含有错误的源程序】

```
#include <stdio. h>
Char subs[80];
Char * cut(char * str,int loca,number)
{int k;
if (strlen(str)<loca)
     return str;
for (k=0; k<number; k++)
     if (str[loca++]! ='\0')
         subs[k]=str[loca++];
        else
         break;
  subs[k]=str[loca++];
  return subs;
}
void main()
{ char * sp, str[80], * cut();
  int loc=0, num=0;
  scanf("%s%d%sd",&str,&loc,&num);
  sp=cut(str,loc,num);
  printf("%s\n",sp);
}
```

四、编程题(共计 20 分)

【程序功能】

取出一个正整数中的所有偶数数字,用这些数字构成一个最大数。

【编程要求】

编写函数 long fun(long s),取出整数 s 中的所有偶数数字,用这些数字构成一个最大数,函数返回该数。

综合训练(三)

一、选择题(每小题 1 分,共计 10 分)

1. 在 main()函数体内部和外部均允许出现的实体是(　　)

   A. 预处理命令　　B. 语句

   C. 另一函数的定义　　D. 函数形式参数

2. 以下声明中错误的是(　　)

   A. int a=0xFF;　　B. double b=1.2e0.5;

   C. long a=2L;　　D. char a='\72';

3. 已知有声明“int x=2;”,在以下表达式中值不等于 8 的是(　　)

   A. x+=2,x * 2　　B. x+=x *=x

   C. (x+7)/2 *((x+1)%2+1)　　D. x * 7.2/x+1

4. 执行以下程序时,

```
#include <stdio.h>
main()
{int a; float b;
  scanf("%3d%f",&a,&b);
  printf("%d\t%f",a,b);
}
```

   若要求变量 a 和 b 分别从键盘获得输入值 45 和 678.0,则以下四种输入数据中,不能达到该要求的输入数据是(　　)(⊔代表空格,↙代表回车)

   A. 45 ⊔ 678↙　　B. 45↙678↙

   C. 45,678↙　　D. 045678↙

5. 已知有预处理命令 # include <stdio. h>和声明“char s[10]="Thank you"; int i;”,要求输出字符串“Thank you”,以下选项中不能达到该要求的语句是(　　)

   A. puts(s);

   B. printf("%s",s[10]);

   C. for(i=0;s[i]! ='\0';i++) printf("%c",s[i]);

   D. for(i=0;s[i]! ='\0';i++) putchar(s[i]);

6. 下列程序段中,能将变量 x、y 中值较大的数保存到变量 a,值较小的数保存到变量 b 的程序段是(　　)

   A. if(x>y)a=x;b=y;else a=y;b=x;

   B. if(x>y){a=x;b=y;}else a=y;b=x;

   C. if(x>y){a=x;b=y;}else {a=y;b=x;}

   D. if(x>y){a=x;b=y;}else(x<y) {a=y;b=x;}

7. 已知某程序中有声明“int a[4],j; ”及语句“for(j=0;j<4;j++) p[j]=a+j;”,则标识符 p 正确的声明形式应为(　　)

A. int p[4]；　B. int * p[4]；　C. int * * p[4]；　D. int (* p)[4]；

8. 以下函数定义的叙述中正确的是(　　)
   A. 构成C语言源程序的基本单位之一是函数
   B. 所有被调用的函数必须在调用之前定义
   C. main 函数定义必须放在其他函数定义之前
   D. main 函数定义的函数体中必须至少有一条语句或声明

9. 已知函数 fun 的定义如下：

```
void fun(int x[], int y)
{int k;
  for(k=0;k<y;k++)
       x[k]+=y;
}
```

若 main 函数中有声明“int a[10]={10};”及调用 fun 函数的语句，则正确的 fun 函数调用形式是(　　)

A. fun(a[],a[0])　B. fun(a[0],a[0])
C. Fun(&a[0],a[0])　D. fun(a[0],&a[0])

10. 若 main 函数中有以下定义、声明和语句：

```
struct test
{   int a;
    char * b;
};
  char x0[]="United states of American", x1[]="England";
  struct test x[2], * p=x;
  x[0]. a=300; x[0]. b=x0;
  x[1]. a=400; x[1]. b=x1;
```

则不能输出字符串“England”的语句是(　　)

A. puts(x1[1]. b)　B. puts((x+1)->b);
C. puts(++x->b);　D. puts((++p)->b);

二、填空题(每空2分,共计50分)

1. 已知有声明“int x=1,y=2,z=3;”,则执行语句 x>y? (z-=--x):(z+=++x); 后,变量 x、z 的值分别是________。
2. 循环语句中通常包含一个循环条件表达式,该表达式的值决定是否执行下一次循环。在C语言的循环语句中,循环条件表达式可缺省的语句是________。
3. 若一个函数不需要形式参数,则在定义该函数时,应该使形式参数表为空或放置一个________。
4. 已知有声明“float d=1;double f=1;long g;”和语句 printf("_ _ _",g=10+'i'+(int)d * f);”,为了正确地以十进制形式输出 printf 参数表中第二个参数(表达式)的值,则在第一个参数中的下划线位置处应填写的格式转换说明符是________。
5. 设函数 a 的定义如下：

```
void a()
{int x=12,y=345; FILE * fp=fopen("my.dat","w");
  fprintf(fp,"%d %d",x,y);
  fclose(fp);
}
```

已知 main 函数中声明了“int x,y; FILE * fp=fopen("my.dat","r");”,如果需要从文件 my.dat 中正确读出由函数 a 写入的两个数据并分别保存到变量 x 和 y 中,则在 main 函数中使用的读数据语句应当是______________________(要求写出语句的完整格式)。

6. 以下程序运行时输出的结果是________。

```
#include<stdio.h>
void f(int * p,int n)
{    int t;
     t= * p; * p= *(p+n-1); *(p+n-1)=t;
}
void main()
{    int a[5]={1,2,3,4,5},i;
         f(&a[1],3);
     for(i=0;i<5;i++)
     printf("%d",a[i]);
}
```

7. 以下程序运行时输出的结果是________。

```
#include<stdio.h>
fun(int x)
{    if(x/2>0) fun(x/2);
     printf("%d",x%2);
}
void main()
{    fun(20); putchar('\n');
}
```

8. 以下程序运行时,输出的结果是________。

```
#include<stdio.h>
void main()
{    int i,k,x[10]={1,2,3,4,5,6,7,8,9,10},y[3]={0};
     for(i=0;i<10;i++) {k=i%3;y[k]+=x[i];}
     printf("%d\n%d\n%d",y[0],y[1],y[2]);
}
```

9. 以下程序运行时,输出结果的第一行是________,第二行是________。

```
#include<stdio.h>
```

```
void main()
{  printf("%d",f(3) ); printf("\n%d",f(5));}
int f(int a)
{   int b=1; static int c=1;
    b=b * a;c=c * a;
    return c/b;
}
```

10. 以下程序运行时,输出结果的第一行是________,第二行是________。

```
#include<stdio.h>
void f(int * x,int y)
{    * x=y+1;y= * x+2;}
void main()
{    int a=2,b=2;
     f(&a,b);
     printf("%d\n %d",a,b);
}
```

11. 以下程序运行时,输出结果的第一行是________,第二行是________。

```
#include<stdio.h>
#include<stdlib.h>
typedef struct P
{  char c; struct P * next;}PNODE;
PNODE * create(char x[])
{    int i; PNODE * pt, * pre, * p=0;
     for(i=0;x[i]! ='\0';i++)
   {    pt=(PNODE * )malloc(sizeof(PNODE));
        pt->c=x[i]; pt->next=NULL;
        if(p==0) {p=pt;pre=pt;}
        else {pre->next=pt;pre=pre->next;}
   }
   return p;
   }
void print(PNODE * p)
{    while(p) {putchar(p->c);p=p->next;}
     putchar('\n');
}
PNODE * joint(PNODE * pha,PNODE * phb)
{    PNODE * pa=pha, * pb=phb, * pc=NULL, * pt, * pre;
     while(pa)
     {    pb=phb;
```

```
        while(pb)
        {   if(pa->c==pb->c)
            {   pt=(PNODE *)malloc(sizeof(PNODE));
                pt->c=pa->c;pt->next=NULL;
                if(pc==NULL) {pc=pt;pre=pt;}
                else {pre->next=pt;pre=pt;}
            }
            pb=pb->next;
        }
        pa=pa->next;
    }
    return pc;
}
void main()
{   char a[]="coma",b[]="become";
    PNODE * ha=0, * hb=0, * hc=0;
    ha=create(a);
    print(ha);
    hb=create(b);hc=joint(ha,hb);print(hc);
}
```

12. 函数 f 的功能是计算并返回 $F(x)$的值。$F(x)$的计算公式如下：

$$F(x)=\frac{\pi}{2}-\frac{\cos x}{x}\sum_{n=0}^{\infty}(-1)^n\frac{x^{2n}}{(2n)!}$$

计算级数 $F(x)$，当通项绝对值小于等于 10^{-6}时停止累加。

```
#include<stdio.h>
#include<math.h>
double f(double x)
{   int n=1,sign=-1;double term=1,sum=term;
    while(fabs(term)>1e-6)
    {   term=term * sign * ________;
        sum=sum+term;
        ________;
    }
    sum=3.14159/2-cos(x) * sum/x;
    return sum;
}
void main()
{   double x=1;
    printf("f(%f)=%f\n",x,f(x));
}
```

13. 如果一个数及该数的反序数都是素数，则称该数为可逆素数。例如，17 是素数，17 的反序数 71 也是素数，因此 17 便是一个可逆素数。以下程序中，函数 f()在[m，n]区间内查找所有可逆素数并将这些素数依次保存到 a 指向的数组中，函数返回 a 数组中可逆素数的数目。

```
#include<stdio.h>
#include<math.h>
int p(int n)
{   int i,j=sqrt(n);
    for(i=2;i<=j;j++)
      if(n%i==0) return 0;
      else return 1;
}
int convert(int n)
{   int m=0;
    while(n>0)
    {  m=________;n=n/10;}
    return m;
}
int f(int m,int n,int a[])
{   int i,j=0;
    for(i=m;i<=n;i++)
      if(p(i)&& ________ a[j++]=i;
    return j;
}
void main()
{   int i,n,a[50];
    n=f(50,150,a);
    for(i=0;i<n-1;i++) printf("%d",a[i]);
    printf("%d",a[n-1]);
}
```

14. 以下程序中函数 encrypt 的功能是：对第一个形参指向的字符串作加密处理，函数返回已经加密字符串的首地址。加密算法：判断字符串中每个字符是否为英文字母，若不是字母则保持原字符不变；若是大写字母，则用字母表中该大写字母对应小写字母之后的第 n 个小写字母取代原字母；若是小写字母，则用字母表中该小写字母对应的大写字母之后的第 n 个大写字母取代原字母。大写字母表和小写字母表均被看作是首尾相连的。例如，当 n=3 时，若原字符是 a，则加密后该字符被 D 取代；若原字符是 Y，则加密后该字符被 b 取代。

```
#include<stdio.h>
#include<ctype.h>
```

```
char * encrypt(________,int n)
{   int i,t;
    for(i=0;a[i]!='\0';i++)
    {   if(isalpha(a[i]))
        {   t=(toupper(a[i])-'A'+n)%26;
            a[i]=________?'A'+t:'a'+t;
        }
    }
    ________;
}
void main()
{   char * s[2]={"dLLA","hQYG"};
    printf("%s\b", encrypt(s[0],3));
    printf("%s\b", encrypt(s[1],4));
}
```

15. 以下程序中函数 statis 的功能是:统计 n 本书中每类书(小说、诗歌、散文)的数量及每类书的总购买金额。程序的输出结果如下:

```
novel:2        $40.00
poem:2         $35:00
essay:2        $57.00
#include<stdio.h>
#include<________>
typedef struct                  /* 保存书籍信息 */
{   char title[20];             /* 书名 */
    int type;
    /* 书的类别:0,novel 小说;1,poem 诗歌;2,essay 散文 */
    double price;               /* 书的价格 */
}BOOK;
typedef struct                  /* 保存统计结果 */
{   char c ________name[10];    /* 书籍类别名 */
    int num;                    /* 每类书的数量 */
    double sum;                 /* 每类书的购买金额 */
}ST;
    /* statis 函数形参说明:sx 指向一个 BOOK 类型一维结构的数组,其中已保存了 n 本书的信息;sy 指向一个 ST 类型一维结构数组,用于保存统计结果;c _name指向一个 char 类型二维数组,其中已保存了三类书的类别名 */
void statis(BOOK sx[],int n,ST sy[], char c _name[][10])
{   int i,j,k;
    for(i=0;i<3;i++)
```

```
        strcpy(________,c_name[i]);
    for(i=0;i<n;i++)
    {   k=________;
        sy[k].num++;
        sy[k].sum+=sx[i].price;
    }
}
void main()
{   BOOK s[6]={{"A",0,30},{"B",1,15},{"C",2,25},
    {"D",2,32},{"E",1,20},{"F",0,10}};
    char c_name[3][10]={"novel","poem","essay"};
    int i;
    ST res[3]={0}; statis(s,6,res,c_name);
    for(i=0;i<3;i++)
      printf("%10s:%d $%.2fn",res[i].c_name,res[i].num,res[i].sum);
}
```

三、改错题(每错5分,共计20分)

【程序功能】

在N个整数中找出最小值和最大值,并将最小值元素移到第一个位置上,最大值元素移到最后一个位置上,其他元素保持相对位置不变。例如,若输入整数为8、5、6、9、4、1、-1、7、3、2,则结果为-1、8、5、6、4、1、7、3、2、9。

【含有错误的源程序】

```
#include<stdio.h>
#define N 10.0
void crl(int * a)
{   int i,j,max=0,min=0,temp;
    for(i=1;i<N;i++)
      if(a[min]>a[i]) min=i;
    temp=a[min];
    j=min;
    while(j>0) {a[j]=a[j-1];j--;}
    a[0]=temp;
    for(i=1;i<N;i++)
      if(a[max]<a[i]) max=i;
    temp=a[max];
    j=max;
    while(j<N-1)
    {a[j]=a[j-1];j++}
```

```
    a[N-1]=temp;
}
void main()
{   int a[N]={8,5,6,9,4,1,-1,7,3,2}; int i;
    crl(int a);
    for(i=0;i<N;i++) printf("%5d", * a+i);
    printf("\n");
}
```

四、编程题(共计 20 分)

【程序功能】

1. 编写函数 void MakeNum(char * a,char b[][6])。其功能是:对 a 指向的由数字字符组成的字符串,依次取 k(k=2,3,4,5)个字符组成若干子串,剩余的不足 k 个字符的也单独组成一个子串,并将产生的所有子串保存到 b 数组中,函数返回值为 b 数组中子串的个数。
2. 编写 main 函数,使用一个字符串进行测试。

综合训练(四)

一、**选择题**(每小题 1 分,共计 10 分)

1. 下列表示中,不可作为 C 语言常数的是(　　)
   A. 020　　B. 1UL
   C. '0x41'　　D. 0xfe
2. 若已有声明"int x=4,y=3;",则表达式"x<y? x++:y++"的值是(　　)
   A. 2　　B. 3
   C. 4　　D. 5
3. 若已有声明"int i;float x;char a[50];",为使 i 得到值 1,x 得到值 3.14156,a 得到值 yz,当执行语句"scanf("%3d%f%2s",&i,&x,a);"时,正确的输入形式是(　　)
   A. 1,3.15156,yz　　B. 13.1416yz
   C. 001 3.1416 yz　　D. i=001,x=3.1416,a=yz
4. 程序段"int x=3;do{printf("%d",x--);} while(! x);"的执行结果是(　　)
   A. 3 2 1　　B. 2
   C. 3　　D. 死循环
5. 若有数组 A 和 B 的声明"static char A[]="ABCDEF",B[]={'A','B','C','D','E','F'};",则数组 A 和数组 B 的长度分别是(　　)
   A. 7,6　　B. 6,7
   C. 6,6　　D. 7,7
6. 若有声明"char a[5]={'A','B','C','D','E'}, * p=a,i;",则以下语句中不能正确输出 a 数组全部元素值的是(　　)
   A. for(i=0;i<5;i++) printf("%c",a[i]);
   B. for(i=0;i<5;i++) printf("%c", * (a+i));
   C. for(i=0;i<5;i++) printf("%c", * p++);
   D. for(i=0;i<5;i++) printf("%c", * a++);
7. 以下关于 C 语言语句的叙述中正确的是(　　)
   A. 所有语句都包含关键字
   B. 所有语句都包含表达式
   C. 所有语句都可以出现在源程序中的任何位置
   D. 所有语句都以分号结束
8. 设有变量"char c;",执行"for (;c=(getchar()! ='\n');) printf("%c",c);"时,从键盘上输入"ABCDEFG↙"之后,输出的结果是(　　)
   A. ABCDEFG　　B. AABBCCDDEEFFGG
   C. 非字母数字字符　　D. 语句不能执行
9. 假定已有声明"char a[30], * p=a;",则下列语句中能将字符串"This is a C program."正确保存到数组 a 中的语句是(　　)

A. a[30]="This is a C program. ";

B. a="This is a C program. ";

C. p="This is a C program. ";

D. strcpy(p, "This is a C program. ");

10. 假定已有声明“int x[]={1,2,3,4,5,6}, * p=&x[2];”,则值为 3 的表达式是(　　)

A. *++p　　B. *(p++)

C. ++* p　　D. ++(* p)

二、填空题(每空 2 分,共计 50 分)

1. 若有声明“char a[3]="AB";char * p=a;”,执行语句“printf("%d",p[2]);”后输出结果是________。

2. 若有声明“int i=7;float x=3.1416;double y=3;”,表达式“i+'a'* x+i/y”值的类型是________。

3. 若有声明“int a=32767,b;”,则在 Turbo C 2.0 系统中执行语句“printf("%d",b=++a);”后输出的结果是________。

4. 若有函数声明“int sub(int(* x1)(),int * x2);”,则形式参数 x1 是指向________的指针变量。

5. 若有宏定义“#define max(a,b) (a>b? a:b)”,则表达式“max(2,max(3,1))”的值是________。

6. 以下程序运行后输出的结果是________。

```
#include<stdio.h>
int b;
int fun(int a)
{    static int c=3;
     return ((++a)+(++b)+(++c));
}
void main()
{    int i,a=2;
     for(i=0;i<2;i++) printf("%5d",fun(a));
}
```

7. 以下程序运行后输出的结果是________。

```
void fun(int x,int y,int * z)
{  y=x * x; * z=x * x * x;}
void main()
{    int a=2,b=0,c=0;
     fun(a,b,&c);
     printf("%d %d %d",a,b,c);
}
```

8. 以下程序运行后输出的结果是________。

```
#include<stdio.h>
#include<string.h>
void print(char * p)
{   static int len,offset;
    offset=strlen(p)-len;
    if(offset==0) return;
    else printf("%c", *(p+offset-1));
    len++;
    print(p);
}
void main()
{  chr str[]="dog"; print(str);}
```

9. 以下程序运行后，输出结果的第一行是________，第二行是________。

```
#include<stdlib.h>
void main()
{   int w=0,i;
    for(i=0;i<3;i++)
      switch(w++)
      {   case 0:
          case 1:
          case 2:
          case 3:printf("%d\n",w++);
      }
}
```

10. 以下程序运行后，输出结果的第一行是________，第二行是________。

```
void main()
{   char s[]="efgefgef",t[]="efg"; int i,j,k;
    for(i=strlen(s)-strlen(t);i>=0;i--)
    {   for(j=i,k=0;s[j]==t[k]&&t[k]! ='\0';j++,k++);
        if(t[k]=='\0') printf("%d\n",i);
    }
}
```

11. 以下程序运行后，输出结果的第一行是________，第三行是________，第五行是________。

```
#include<stdio.h>
#define N 8
void main()
{   int i,j,pa[N]={1};
```

```
    printf("%5d\n",pa[0]);
    for(i=1;i<N;i++)
      {pa[i]=1;
        for(j=i-1;j>0;j--) pa[j]=pa[j]+pa[j-1];
        for(j=0;j<=i;j++) printf("%5d",pa[j]);
        printf("\n");
      }
}
```

12. 以下程序的功能是:根据公式和精度要求计算 π 的近似值。

$$\frac{\pi}{2}=1+\frac{1}{3}+\frac{1}{3}\times\frac{2}{5}+\frac{1}{3}\times\frac{2}{5}\times\frac{3}{7}+\frac{1}{3}\times\frac{2}{5}\times\frac{3}{7}\times\frac{4}{9}+\cdots\cdots$$

计算级数 F(x),当通项绝对值小于等于 10^{-6}时停止累加。

```
#include<stdio.h>
#include<math.h>
double PI(double eps)
{   double s=0,t=1.0; int n;
    for(n=1;t>eps;n++) {s+=t; t=t * ________;}
    return 2.0 * s;
}
void main()
{   double e=1e-6;
    printf("%f", ________);
}
```

13. 以下程序的功能是:输出小于 M 的所有可分解整数。

可分解整数是指这个整数的所有数位上的数字之和等于该数的所有素数因子的各位数字之和。例如,9975 是一个可分解整数,该数的所有数位上的数字之和为 30(9+9+7+5);该数的所有素数因子是 3、5、5、7、19,所有素数因子的各位数字之和为 30。

函数 int f(int x)的功能是:求出整数 x 的各位上的数字之和。函数 int g(int x)的功能是:求出整数 x 所有素数因子的各位数字之和。100 以内的可分解整数有:4、22、26、58、65、95。

```
#include<stdio.h>
int f(int x)
{   int k,n=x,s=0;
    do
    {  k=n/10; s=s+n%10;n=k;
    }while(k! =0);
    return (s);
}
```

```
int g(int n)
{   int i=0,k=2,s=0;
    do
    {   if(n/k * k==n)
        {  s=________;i++;n=n/k;}
        else k=k+1;
    }while(k * k<=n);
    if(n! =1) s=s+f(n);
    if(i==0) return(0);
    else return(s);
}
void main()
{   int i,k,m;
    printf("INPUT INTEGER M,3<M<1000\n");
    scanf("%d",&m);
    k=0;
    for(i=4;i<=m;i++)
      if ________
      {  k=k+1;printf("%6d",i);
         if(k==8){printf("\n");k=0;}
      }
}
```

14. 以下程序中函数 sort 的功能是：把 a、b 数组中的数据按从大到小的顺序归并到 c 数组中，m 保存 a 数组中数据的个数，n 保存 b 数组中数据的个数，函数返回归并到 c 数组的数据个数。算法提示：首先将 b 数组中数据倒序，再将 a、b 数组有序合并到数组中。

```
#include<stdio.h>
#define swap(a,b,c) c=a,a=b,b=c;
int sort(int * a, int m, int * b, int n, int * c)
{   int i,j,k,x;
    for(i=0;i<n/2;i++) swap(b[i],________,x);
    i=0;j=0;k=0;
    while(i<m&&j<n)
  {   if ________{x=a[i];i++;}
    else {x=b[j];j++;}
    c[k]=x;k++;
  }
  while(k<m+n)
  {   if(j<n) {c[k]=b[j];k++;j++;}
```

```
        else if(i<m) {________;k++;i++;}
    }
    return m+n;
}
void main()
{   int i,n,c[9],a[5]={12,10,5,3,1},b[4]={4,6,8,15};
    n=sort(a,5,b,4,c);
    for(i=0;i<n;i++) printf("%3d",c[i]);
    printf("\n");
}
```

15. 以下程序在n个人原始排列顺序的情况下，计算它们按以下规则出列的顺序。

设有n个人站成一个队列，每个人有一个唯一的编号I(1≤I≤n)，从左往右"1,2,1,2……"报数，报到"1"的人出列，报到"2" 的人立即站到队伍的最右端；报数过程反复进行，直到n个人出列为止。例如，当n=8时，若初始编号序列为1,2,3,4,5,6,7,8,则出列顺序为1,3,5,7,2,6,4,8。

算法提示：声明数组p[n+1]将n个人的初始编号序列1～n依次存入p[1]～p[n]中，这里把p[1]～p[n]看作一个循环队列，p[f]为队首元素，p[r]为队尾元素，令队首初始下标f=1，队尾初始下标r=0。反复执行下列操作直到队列为空(f=r)：(1) 输出队列首元素并删除队首元素；(2) 把队首元素插到队尾并删除队首元素。

```
#include<stdio.h>
#define n 8
void main()
{   int p[n+1]; int f,r;
    for(f=1;f<=n;f++) p[f]=f;
    f=1;r=0;
    do
    {   printf("%3d",p[f]);
        f=________;p[r]=p[f];
        r=________;f=(f+1)%(n+1);
    }while(________);
}
```

三、改错题(每错5分，共计20分)

【程序功能】

从N个字符串中找出最长的字符串并将其逆置后输出。

【含有错误的源程序】

```
#include<stdio.h>
#include<string.h>
#define N 6
```

```
void find _max(char * str[],char maxstr[],int n,int * maxlen)
{   int i,len; char ch;
    for(i=0;i<n;i++)
    {   len=strlen(str);
        if(len> * maxlen)
        {   maxstr=str[i]; * maxlen=len;}
    }
    for(i=0;i< * maxlen;i++)
    {
        ch=maxstr[i];
        maxstr[i]=maxstr[ * maxlen-i-1];maxstr[ * maxlen-i-1]=ch;
    }
}
main()
{   int i,maxlen=0;len;
    char * instr[N]={"QBASIC","True Basic","C","Visual C++","VFP","
Visual Foxpro"};
    char maxstr[40];
    maxlen=0;
    find _max(instr,maxstr,n,&maxlen);
    printf("max string is:%s\nmaxlen=%d\n",maxstr,maxlen);
}
```

四、编程题(共计 20 分)

【程序功能】

1. 编写函数 int stat(int a[],int n,int c[][2]),a 指向的数组中保存了由 n 个一位整数组成的数列(n 为偶数)。函数从前至后依次将 a 数组中每两个相邻元素拼成一个不超过两位的整数,从而生成由 n/2 个元素组成的整数数列;统计该数列中不同整数各自出现的次数,并将统计结果保存到 c 二维数组中。函数返回不同整数的个数。
2. 编写 main 函数,用十个一位数进行测试。

附录

运算符及其结合性

优先级	运算符	含义	运算对象个数	结合方向
1	( ) [ ] -> .	圆括号 下标运算符 指向结构体成员变量 结构体成员运算符		自左向右
2	! ~ ++ -- - (类型) * & sizeof	逻辑非运算符 按位取反运算符 自增运算符 自减运算符 负号运算符 类型转换运算符 指针运算符 地址运算符 长度运算符	1(单目运算符)	自右向左
3	* / %	乘法运算符 除法运算符 求余运算符	2(双目运算符)	自左向右
4	+ -	加法运算符 减法运算符	2(双目运算符)	自左向右
5	≪ ≫	左移运算符 右移运算符	2(双目运算符)	自左向右
6	< <= > >=	关系运算符	2(双目运算符)	自左向右
7	== !=	等于运算符 不等于运算符	2(双目运算符)	自左向右
8	&	按位与运算符	2(双目运算符)	自左向右
9	^	按位异或运算符	2(双目运算符)	自左向右
10	|	按位或运算符	2(双目运算符)	自左向右
11	&&	逻辑与运算符	2(双目运算符)	自左向右
12	||	逻辑或运算符	2(双目运算符)	自左向右
13	?:	条件运算符	3(三目运算符)	自右向左
14	= += -= *= /= %= &= |= ^= ≫= ≪=	赋值运算符	2(双目运算符)	自右向左
15	,	逗号运算符		自左向右

常用字符与ASCII代码对照表

字符	ASCII值	字符	ASCII值	字符	ASCII值	字符	ASCII值	字符	ASCII值	字符	ASCII值	字符	ASCII值	字符	ASCII值
NUL	0	DLE	16	SP	32	0	48	@	64	P	80	、	96	p	112
SOH	1	DC1	17	!	33	1	49	A	65	Q	81	a	97	q	113
STX	2	DC2	18	"	34	2	50	B	66	R	82	b	98	r	114
ETX	3	DC3	19	#	35	3	51	C	67	S	83	c	99	s	115
EOT	4	DC4	20	$	36	4	52	D	68	T	84	d	100	t	116
ENQ	5	NAK	21	%	37	5	53	E	69	U	85	e	101	u	117
ACK	6	SYN	22	&	38	6	54	F	70	V	86	f	102	v	118
BEL	7	ETB	23	'	39	7	55	G	71	W	87	g	103	w	119
BS	8	CAN	24	(	40	8	56	H	72	X	88	h	104	x	120
HT	9	EM	25	)	41	9	57	I	73	Y	89	i	105	y	121
LF	10	SUB	26	*	42	:	58	J	74	Z	90	j	106	z	122
VT	11	ESC	27	+	43	;	59	K	75	[	91	k	107	{	123
FF	12	FS	28	,	44	<	60	L	76	\	92	l	108	|	124
CR	13	GS	29	—	45	=	61	M	77	]	93	m	109	}	125
SO	14	RS	30	.	46	>	62	N	78	∧	94	n	110	～	126
SI	15	US	31	/	47	?	63	O	79	-	95	o	111	DEL	127

常用函数一览表

函数名	函数原型	功 能	包含文件	函数类型
abs	int abs(int x)	返回整数 x 的绝对值	math. h	数学函数
cos	double cos(double x)	返回 x 的余弦函数的值，x 单位为弧度	math. h	数学函数
exp	double exp(double x)	返回函数 ex 的值	math. h	数学函数
fabs	double fabs(double x)	返回实数 x 的绝对值	math. h	数学函数
pow	double pow(doublex, double y)	计算 x 为底 y 为幂的指数值	math. h	数学函数
sin	double sin(double x)	返回 x 的正弦函数的值，x 单位为弧度	math. h	数学函数
sqrt	double sqrt(double x)	返回 x 的平方根值，x 必须≥0	math. h	数学函数
tan	double tan(double x)	返回 x 的正切函数的值，x 单位为弧度	math. h	数学函数
rand	int rand(void)	产生 0 到 RAND_MAX 之间的随机数	stdlib. h	其它函数
srand	void srand(unsignedseed);	建立 rand()产生伪随机数的起始点	stdlib. h	其它函数
strcat	char * strcat(char * str1, char * str2)	把字符串 str2 接到 str1 后面，去除 str1 最后面的结尾符'\0'；返回 str1	string. h	字符和字符串函数
strncpy	char * strncpy(char * str1, char * str2, int n)	将字符串 str2 前 n 个字符复制到字符串 str1 中	string. h	字符和字符串函数
strlen	unsigned int strlen(char * str)	统计字符串 str 中字符的个数，不包括结尾符'\0'	string. h	字符和字符串函数
fclose	int fclose(FILE * fp)	关闭 fp 所指的文件，释放文件缓冲区；成功返回 0，不成功返回非 0	stdio. h	输入输出函数
feof	int feof(FILE * fp)	检查文件是否结束；遇文件结束符返回非 0 值，否则返回 0	stdio. h	输入输出函数
fopen	FILE * fopen (char * filename, char * mode)	以 mode 指定的方式打开名为 filename 的文件；成功则返回一个文件指针，否则返回 NULL	stdio. h	输入输出函数
fscanf	int scanf(FILE * fp, char * format, args,…)	从 fp 所指向的文件中按 format 字符串指定的格式，输入数据到输入列表 args；返回读入数据的个数	stdio. h	输入输出函数
fprintf	int fprintf(FILE * fp, char * format, args,…)	把输出列表 args 的值以 format 指定的格式输出到 fp 所指定的文件中；返回实际输出的字符数	stdio. h	输入输出函数
free	void free(void * p)	释放 p 所指的内存区	stdlib. h	动态存储函数
malloc	void * malloc (unsigned size)	分配 size 个字节的存储区；返回所分配内存区的起始地址，如分配不成功，返回 0	stdlib. h	动态存储函数

参考文献

[1] 谭浩强.C程序设计(第二版).北京:清华大学出版社,1999

[2] 吕凤翥.C语言程序设计——基础理论与案例. 北京:清华大学出版社,2005

[3] 高福成.C程序设计教程(第2版).天津:天津大学出版社,2004

[4] Kenneth A. Reek;徐波译.C和指针.北京:人民邮电出版社,2003

[5] K. N. King;吕秀锋译. C语言程序设计:现代方法. 北京:人民邮电出版社,2007

[6] Brian W. Kernighan;徐宝文译.C程序设计语言(第2版).北京:机械工业出版社,2004

[7] Al Kelley;麻志毅译.C语言解析教程. 北京:机械工业出版社,2002

[8] Eric S. Roberts;翁惠玉译.C语言的科学和艺术. 北京:机械工业出版社,2005

[9] 钱能. C++程序设计教程(第二版). 北京:清华大学出版社,2005

[10] 苏小红,陈慧鹏,孙志岗等;C语言大学实用教程. 北京:电子工业出版社,2005.7

[11] 李玲,桂玮珍,刘莲英;C语言程序设计. 北京:人民邮电出版社,2005.2

[12] Stephen Prata;云巅工作室译. C Primer Plus(第五版)中文版. 北京:人民邮电出版社,2005.2

[13] 宋箭.C语言程序设计[M].上海:上海科学普及出版社,2005.6

[14] 周启海,沈坚,刘云强,李薇薇.C语言程序设计考试精解与考场模拟[M].北京:人民邮电出版社,2005.1

[15] C编写组. 常用C语言用法速查手册. 北京:龙门书局,1995

[16] http://baike.baidu.com/

[17] http://bbs.educity.cn/bbs/128038.html

[18] http://zhidao.baidu.com/question/5166426.html

[19] http://www.72up.com/c.htm

[20] http://www.neu.edu.cn/cxsj/index.html

[21] 何钦铭主编;颜晖,等编著. C语言程序设计. 杭州:浙江科学技术出版社,2006

[22] 武雅丽,王永玲,等. C语言程序设计教程. 北京:人民交通出版社,2002